Kreativ im Job

Techniken und Spiele

Matthias Nöllke
Susanne Beermann
Monika Schubach

Inhalt

Teil 1: Kreativitätstechniken

Schlüsselfaktor Kreativität   **9**
- Routine und Kreativität   10
- Kleine und große Kreativität   14
- Divergentes und laterales Denken   16
- Sieben Eigenschaften, die Sie fördern sollten   20
- Die fünf häufigsten Irrtümer über die Kreativität   25

Der kreative Prozess   **29**
- Erster Schritt: Bestimmen Sie Ihr Ziel!   30
- Zweiter Schritt: Verschaffen Sie sich einen Überblick!   32
- Dritter Schritt: Machen Sie den „kreativen Sprung"!   34
- Vierter Schritt: Bewerten und ausarbeiten!   38
- Fünfter Schritt: Setzen Sie Ihre kreative Lösung durch!   42
- Die elf Kreativitätskiller   45

Die Kreativitätstechniken   **53**
- Brainstorming   54
- Brainwriting   60
- Mindmapping   64
- Bisoziation   72
- Synektik   77
- Denkhüte und Denkstühle   85
- Osborn-Checkliste   91
- Reizwort-Analyse, Random-Input   95
- Mentale Provokation   98
- Morphologischer Kasten und andere Matrizen   104
- Konzeptfächer, Progressive Abstraktion   110

Das kreative Unternehmen   **115**
- Kreativität gezielt fördern   116
- Kreative Einzelkämpfer   117
- Die kreative Sitzung   118
- Kreativität als Teil der Unternehmenskultur   123

- Literaturverzeichnis   125

Teil 2: Spiele für Workshops und Seminare

Eisbrecher   131
- Schlüsselbund   132
- Wer bin ich?   134
- Offenes Buch   136
- Statistik I   138
- Statistik II   140
- Ich erinnere mich   141
- Wissenstest   142
- Wer zu spät kommt ...   144

Teambildung   145
- Sprichwörter   146
- Dosen schütteln   147
- Spielsteine   148
- Bonbons   149
- Familienfindung   150
- Puzzle   152
- Filmteams   153

Gruppendynamik   155
- Rutschen   156
- Ich mach das, was machst du?   158
- Über das ganze Jahr   159
- Fantasie der Buchstaben   161
- Plakat   163
- Zweibeiniger Stuhl   166

Aktivierung   **167**
- Meteoritenhagel   168
- Spiegeln   170
- Berg und Tal   171
- Kalimba de Luna   172
- Pflaumen pflücken   174
- Schnippen und Klatschen   176
- Tante Jo   178
- Keine Angst vor Mäusen   179

Konzentration   **181**
- Ballonfahrt   182
- Ballontreiben   183
- Ich sitze im Garten   184
- Hallo-Klatscher   186
- 1 – 2 – 3   188
- Danach ist alles anders!   189
- Obstsalat   190
- Handklopfen   192
- Die Gedanken sind frei   194

Kreativität   **195**
- Filmreif   196
- Wandelstift   198
- Es war einmal   199
- Puzzeln – einmal anders   200
- Assoziationen   202
- Was gehört zusammen?   204
- Wo bin ich?   206

Entspannung 207
- Pizza backen 208
- Schreiben – einmal anders 210
- Good Vibrations 212
- Weg mit dem Stress! 213
- Das etwas andere Volleyball 214
- Siegesschrei der Samurai 216
- Die Regenmacher 217
- Der Zug kommt 219

Wiederholung 221
- Moorhuhnschießen 222
- Karussell 224
- Der schlaue Ball 226
- Ja oder Nein? 227
- Aktiv & kreativ 228
- Stadt – Land – Fluss 230
- Warum ist Opa nur so schwerhörig? 232

Abschluss 233
- Schluss – aus – basta! 234
- Barometer der Gefühle 235
- Rück(en)meldung 237
- Tagesschau 238
- Memo 239
- Mannschafts-Gefühl 240
- Adressen für den Bezug von Hilfsmitteln 241

Teil 1: Kreativitätstechniken

Vorwort

Kreativität boomt. Allerorten werden neue Ideen und unkonventionelle Lösungen gesucht oder wenigstens angemahnt. Nicht nur Werbetexter und Produktentwickler, auch Marketingspezialisten, Kundenberater, Verkaufsleiter, Personalchefs, ja ganze Unternehmen mit ihren Mitarbeitern sollen über eine besondere Kompetenz verfügen, um im Wettbewerb zu bestehen: Kreativität.

Nur: Wie wird man kreativ? Es gibt ein überwältigendes Angebot an Büchern, Kursen, Trainingswochenenden und Übungskassetten, deren Erfolgsaussichten allerdings oftmals schwierig einzuschätzen sind.

Unser TaschenGuide hilft Ihnen, einen Überblick zu bekommen, Ihre eigene Kreativität und die Ihrer Mitarbeiter zu fördern und zu entwickeln. Sie lernen die wichtigsten Techniken kennen und erfahren, für welche Zwecke sie sich eignen, wo ihre Grenzen sind und welche Kreativitätswerkzeuge Sie lieber der Konkurrenz überlassen sollten. Denn die wirksamste Methode, kreative Ideen zu verhindern, ist die falsche Kreativitätstechnik.

Matthias Nöllke

Schlüsselfaktor Kreativität

Für die meisten Aufgaben, die Sie erledigen, benötigen Sie keine Kreativität. Was aber, wenn Sie mit einer Routinelösung nicht weiterkommen? Oder wenn Sie eine Aufgabe einmal bewusst anders angehen wollen? Dann brauchen Sie eine kreative Alternative.

Im folgenden Kapitel erfahren Sie,

- worin sich die kreative Idee von anderen Lösungen unterscheidet,
- in welcher Bandbreite kreative Lösungen möglich sind,
- durch welche Art des Denkens neue Ideen entstehen,
- welche Eigenschaften eine kreative Persönlichkeit ausmachen und
- welche gängigen Annahmen bezüglich Kreativität falsch sind.

Routine und Kreativität

Die meisten Aufgaben erledigen Sie mit Routine. Sie ist zuverlässig und effizient. Wenn Sie als Kundenberater vor jedem Gespräch nach einer kreativen Lösung suchen müssten, wären Sie sicher innerhalb kürzester Zeit Ihre Stelle los.

Doch Routine allein reicht nicht aus. In Zeiten rasanten Wandels und härteren Wettbewerbs können Sie sich immer weniger auf Standardlösungen verlassen. Was tun Sie, wenn Sie bei einem wichtigen Problem nicht mehr weiterkommen?

- Ich frage meinen Vorgesetzten/meine Kollegen/meine Freunde, was ich tun soll.
- Ich probiere etwas ganz Verrücktes aus und warte ab, was passiert.
- Ich denke angestrengt nach, finde keine passende Antwort und tue nichts.
- Ich ordne das Problem unter die „unerledigten Fälle" ein und widme mich einer lösbaren Aufgabe.
- Ich delegiere das Problem an meine Mitarbeiter und stelle aus ihren Vorschlägen eine neue Lösung zusammen, die mir irgendwie zusagt.
- Ich nehme Urlaub oder lasse mich krankschreiben.

Oder Sie versuchen, eine neue Lösung zu finden. Eine Lösung, die Sie auf anderem Wege finden als auf dem gewohnten. Eine Lösung, die jedoch den gleichen Anforderungen genügt wie eine „Routinelösung". Eine solche Lösung nennt man kreativ, die Fähigkeit, sie zu finden, Kreativität und die Methoden, die Ihnen bei der Lösungssuche helfen sollen, Kreativitätstechniken.

Kreative Ideen sind aber nicht nur dann nützlich, wenn Sie mit Ihrer Routine nicht weiterkommen. Bei allen wichtigen Dingen, die Sie tun, ist es sinnvoll, nach einer kreativen Alternative zu suchen. Um beim Beispiel des Kundenberaters zu bleiben: Für ihn wäre es sicher lohnend, auf mögliche Einwände schwieriger Kunden neue, kreative Antworten zu entwickeln. Um sie bei Bedarf parat zu haben.

Fassen wir die wesentlichen Merkmale einer kreativen Idee zusammen:

- Sie muss jenseits Ihrer gewohnten Denkpfade gefunden werden. Sonst ist sie eben doch „Routine".

- Sie muss – im Nachhinein – an das „routinierte Denken" anschließbar sein. Sie muss „funktionieren". Eine isolierte Idee mag zwar neu und originell sein, aber sie ist nicht kreativ.

Beispiel: Konventionelle und kreative Lösungen

 Das Problem: Einige Weintrinker sind mit der 0,75-Liter-Flasche unzufrieden, weil sie ihnen vorschreibt, wie viel sie trinken müssen. Trinken sie weniger als einen Dreiviertelliter, müssen sie den Rest entweder aufheben oder wegschütten. Wollen sie nur ein Glas mehr trinken, müssen sie gleich eine ganze Flasche öffnen.

Die konventionelle Lösung: Sie schlagen vor, den Wein in Flaschen verschiedener Größe anzubieten.

Die isolierte, originelle Lösung: Sie schlagen vor, den Wein in Pulverform zu verkaufen. Jeder kann dann selbst bestimmen, wie viel er trinken möchte und in welcher Konzentration.

Die kreative Lösung: Sie schlagen vor, den Wein in weichen Kunststoffsäckchen abzupacken. Ein Ventil sorgt dafür, dass keine Luft eindringt und der Inhalt tröpfchengenau gezapft werden kann. Eine stabile Umverpackung gibt dem wenig standfesten Säckchen Halt.

Wenn Sie Weintrinker sind, kommt Ihnen die kreative Lösung vielleicht bekannt vor. Tatsächlich bieten viele größere Winzereibetriebe ihren Wein bereits in diesen sogenannten „Weinschläuchen" an.

Die kreativen Ideen von heute gehören morgen zur Routine. Wenn die kreativen Ideen wirklich gut waren ...

Der kreative Sprung

Edward de Bono ist nicht nur Erfinder unzähliger Kreativitätstechniken, sondern auch der Vater des „lateralen Denkens": Er hat ein Modell entworfen, um den Zusammenhang von konventionellem und kreativem Denken deutlich zu machen.

Dabei geht er dem Phänomen nach, dass viele kreative Ideen auf unlogische, gewissermaßen regelwidrige Weise gewonnen werden und doch im Nachhinein als naheliegend oder vollkommen logisch erscheinen. Dadurch, so glaubt de Bono, entstehe der Trugschluss, dass die Idee gar nicht kreativ sei, sondern auch durch das gewohnte (= logische) Denken hätte gefunden werden können.

Diese Folgerung aber bestreitet de Bono. Er vergleicht unser Denken mit einem Fluss, der in seinem breiten Flussbett dahinfließt. Um das Flussbett zu verlassen, müssen wir einen „kreativen Sprung" machen.

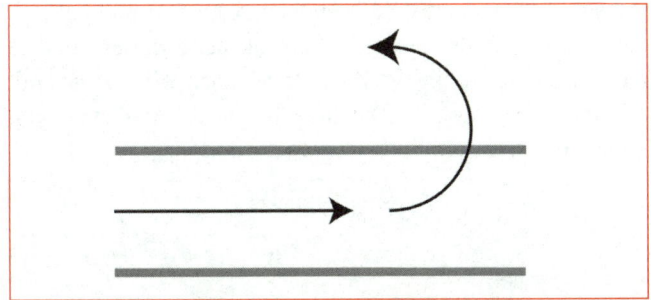

Der kreative Sprung verlässt das gewohnte Denken ...

Dieser meist völlig unlogische, oft leicht verrückte Denksprung führt uns zunächst ins Ungewisse. Doch von dort müssen wir wie von einem Flussseitenarm wieder in das Hauptstrombett unseres Gedankenflusses zurückfinden. Erst dann haben wir die kreative Denkbewegung ganz vollzogen, wenn wir den Seitenarm für unser gewohntes Denken gewissermaßen schiffbar gemacht haben.

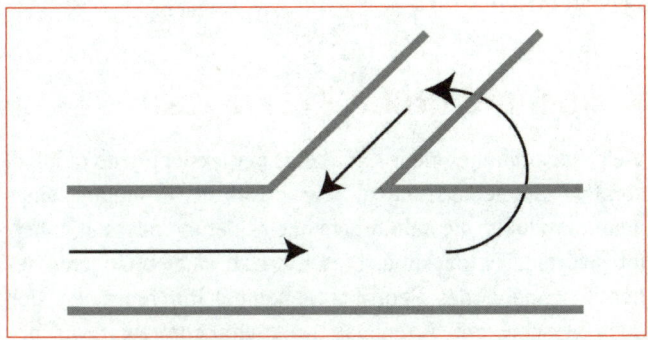

... und führt später wieder zu ihm zurück.

Haben wir den kreativen Sprung einmal gewagt und hat sich
dieses ungewohnte Denken als praktikabel erwiesen, wird es
allmählich zur Routine. In Zukunft gelangen wir mühelos mit
unserem gewohnten Denken an denselben Punkt, den wir erst
durch den „kreativen Sprung" entdeckt haben.

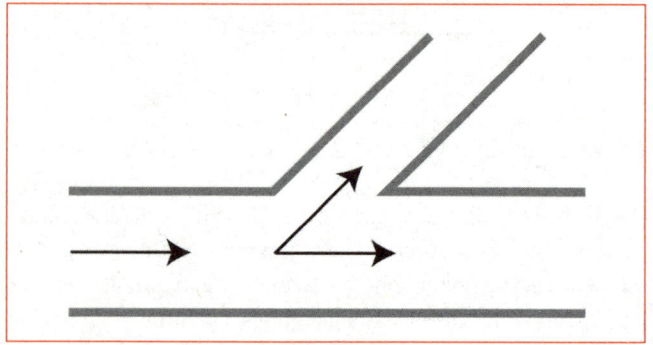

Danach gehört dieser Denkprozess zum gewohnten Denken.

Einer ganzen Reihe von Kreativitätstechniken liegt dieses
Modell zu Grunde.

Kleine und große Kreativität

Viele Darstellungen über Kreativität berücksichtigen vor allem
kreative Spitzenleistungen, wie etwa die Erfindung eines
neuen Produkts, die bahnbrechende Neuerung oder die nobel-
preiswürdige Entdeckung. Dies führt zu einer unangemesse-
nen Einengung des Begriffs. Manchmal durchmischen sich
auch verschiedene Arten von Kreativität, die zwar viel gemeinsam haben, jedoch nicht identisch sind.

- die „große Kreativität", die zu grundlegenden Änderungen führt: wegweisende Erfindungen, Neukonzeptionen, Umwertungen, neue Trends

- die „kleine Kreativität", die das Bestehende nicht wesentlich verändert: Verbesserungen am Produkt, Arbeitserleichterungen, modifizierte Verfahren

Die meisten kreativen Ideen dürften sich in einem schwer definierbaren Zwischenbereich befinden, jedoch ist es hilfreich, zwischen „großer" und „kleiner" Kreativität zu trennen.

Die große Kreativität – kein Zufallsprodukt

„Große" kreative Ideen fallen nicht vom Himmel, sie sind das Ergebnis langwieriger, manchmal lebenslanger intensiver Beschäftigung mit der betreffenden Materie. So eine Idee kann ein ganzes Leben ausfüllen und lässt wenig Raum für weitgestreute Aktivitäten. Ein hohes Maß an Konzentration ist Voraussetzung.

Große Ideen erfordern keinesfalls nur den „unverbildeten Kinderblick", sondern auch die scharfe Expertenbrille. Zwar erwecken manche Darstellungen den Eindruck, es genüge, wenn ein blutiger Laie mal so richtig „querdenke" oder sein „Unterbewusstsein" befrage, um geniale Einsichten zu produzieren, doch sind solche Erwartungen reines Wunschdenken.

Kleine Kreativität – nützliche Ideen für den Alltag

Bei den „kleinen" kreativen Ideen handelt es sich hingegen um die guten Einfälle, die wir alle irgendwann einmal haben, die wir aber leider oft genug ungenutzt lassen oder wieder vergessen. Kleine Tricks und Kniffe, die häufig übersehen werden und doch den Alltag in vielerlei Hinsicht erleichtern können. Diese Ideen aufzugreifen, zu fördern und auszubauen ist eine äußerst lohnende Aufgabe. Denn eine Vielzahl kleiner und kleinster Verbesserungen kann sich zu einer beachtlichen Größe summieren.

Divergentes und laterales Denken

Wie entstehen neue Ideen? Durch eine neue Art des Denkens, glauben viele Kreativitätsforscher. Wer immer wieder den gleichen Trampelpfaden des Denkens folgt, kann nicht kreativ sein. Kreative Menschen müssen die vertrauten Wege verlassen, sie müssen kreuz und quer durch das Gelände laufen, um sich gleichsam eigene Pfade zu bahnen.

Das „wilde Denken" wird entdeckt

Diese Art des geistigen Querfeldeinlaufens hat als Erster der Psychologe Joy Paul Guilford systematisch zu erfassen versucht. Unter dem Begriff „divergentes Denken" machte er sie vor vierzig Jahren populär. „Divergentes Denken" bedeutet, offen, unsystematisch und spielerisch an Probleme heranzugehen. Kurzum: das Gegenteil der damals üblichen Auffassung, wie Probleme zu lösen seien, nämlich logisch, planmäßig und streng rational. Diese konventionelle Art der Problemlösung nannte Guilford „konvergentes Denken".

Eine wesentliche Voraussetzung, dass sich das divergente Denken entfalten kann, ist die Ausschaltung von „Denkblockaden" und kritischen Einwänden. Je widersinniger die Ergebnisse dem konvergenten Denken erscheinen, desto freier hat sich das divergente Denken Bahn brechen können. Und je divergenter jemand denken kann, desto kreativer ist er – glaubte Guilford.

Diese Auffassung wird heute nicht mehr geteilt, hatte damals aber durchaus ihren Sinn, da sich die Idee des divergenten Denkens erst einmal Anerkennung verschaffen musste.

Laterales Denken – Suche nach neuen Möglichkeiten

Edward de Bono hat den Begriff des „lateralen Denkens" geprägt, das sich nur in Nuancen vom divergenten Denken unterscheidet. Auch das laterale Denken hat seinen konventionellen Widerpart, das sogenannte „vertikale Denken". Dabei wird ein vertrautes, womöglich standardisiertes Lösungsverfahren benutzt, während das laterale Denken nach neuen Möglichkeiten Ausschau hält. In de Bonos Vergleich: Das vertikale Denken vertieft ein vorhandenes Loch, während das laterale ein neues gräbt.

Konvergentes, vertikales Denken	Divergentes, laterales Denken
logisch rational	spielerisch, assoziativ
in eine Richtung	in viele Richtungen
beim Thema bleiben	vom Thema abweichen
homogen, widerspruchsfrei	heterogen, akzeptiert Widersprüche
bewährte Lösungsverfahren	erfindet neue Verfahren
kritische Einwände verbessern konvergentes Denken	kritische Einwände behindern divergentes Denken
eine richtige Lösung	viele originelle Lösungen

Laterales bzw. divergentes Denken hat im kreativen Prozess eine wichtige Funktion, wenngleich sich gezeigt hat, dass es ohne konvergentes, vertikales Denken nicht geht. Um bei de Bonos Vergleich zu bleiben: Die beste kreative Lösung finden Sie, wenn Sie viele Löcher graben, die tief genug sind.

Die Sache mit den Hirnhälften

Kaum eine Publikation über Kreativität kommt ohne den Hinweis auf die unterschiedlich spezialisierten Hirnhälften aus. Dieses außerordentlich wirkungsmächtige Modell ordnet den beiden Hemisphären gegensätzliche Denkweisen zu:

- Linke Hirnhälfte: zuständig für das „kühle Denken" wie Logik, Analyse, Zahlen, Rationalität, Sprache. Informationsverarbeitung step by step.

• Rechte Hirnhälfte: zuständig für das „warme Denken", etwa Intuition, Synthese, Bilder, Emotionalität, räumliches Denken, Musikalität. „Ganzheitliche" Informationsverarbeitung.

Nach Bekunden der Autoren stützt sich dieses Modell auf neueste neuroanatomische Forschungsergebnisse. Auf jeden Fall dient es oft als Grundlage, wenn vermeintlich kreativitätsfördernde Tipps gegeben werden, wie zum Beispiel:

– stärker mit der rechten Hirnhälfte zu denken,

– der „Zensur" durch die linke Hirnhälfte zu entgehen,

– jede Hirnhälfte einzeln und

– das „Zusammenspiel" zwischen ihnen zu „trainieren".

Solche Hinweise haben mit den tatsächlichen Ergebnissen der Hirnforschung jedoch nichts zu tun.

Landkarten unseres Denkens

In den vergangenen Jahren haben die Wissenschaftler unser Denkorgan sehr genau unter die Lupe genommen. Mit sogenannten bildgebenden Verfahren haben sie untersucht, welche Hirnregionen aktiv sind, wenn wir dieses und jenes fühlen, denken oder tun.

Dabei haben sie festgestellt, dass auch bei vermeintlich einfachen Tätigkeiten eine Vielzahl von Zellverbänden beteiligt sind, welche sich über das ganze Hirn verteilen. Wie der Neurologe Oliver Sacks schreibt, gibt es allein 50 visuelle Zentren, die alle unabhängig voneinander arbeiten. Doch es findet eine ständige Konversation zwischen diesen Zentren statt.

> Das Hemisphärenmodell ist eine grobe, kaum noch zulässige Verein-
> fachung. Wir denken nicht „rechts-" oder „linkshirnig". Unser Denken
> besteht aus dem Zusammenspiel von tausenden von Zentren, die hoffent-
> lich gut miteinander harmonieren.

Zwei Denkstile

Das Hemisphärenmodell muss deshalb aber noch nicht vollständig verabschiedet werden, auch wenn die wissenschaftliche Grundlage brüchig ist. Denn es beschreibt modellhaft zwei unterschiedliche Denkstile. Und diese Denkstile – von denen es allerdings weit mehr als zwei gibt – lassen sich in der Tat „trainieren".

Wenn Sie Ihre Kreativität verbessern möchten, haben Sie zwei Möglichkeiten:

- Sie üben neue, wenig vertraute Denkstile ein, um möglichst variabel mit Ihren Aufgaben umzugehen.
- Sie perfektionieren Ihren bevorzugten Denkstil.

Sieben Eigenschaften, die Sie fördern sollten

Auch wenn weitgehende Einigkeit darüber besteht, dass jeder Mensch seine kreativen Potenziale besitzt, die er entdecken, nutzen und entwickeln kann, so gibt es auch wenig Zweifel daran, dass einige Menschen gewissermaßen „von Haus aus" erheblich kreativer sind als andere. Sie verfügen über Eigenschaften, die Kreativität begünstigen, sie sind eine „kreative Persönlichkeit".

Was zeichnet eine kreative Persönlichkeit aus?

1 Sie ist problemsensitiv. Besondere Fähigkeiten: Probleme überhaupt als solche erkennen, das Übliche in Frage stellen, neue Möglichkeiten erkunden.

2 Sie denkt flexibel. Besondere Fähigkeiten: über mehrere „Denkstile" verfügen, verschiedene Bereiche überblicken, breite Bildung, viele Möglichkeiten in Erwägung ziehen.

3 Sie ist originell. Besondere Fähigkeiten: auch abseitige Aspekte entdecken, divergentes Denken, verschiedene Einfälle kombinieren.

4 Sie hat Spaß an ihrer Arbeit. Besondere Fähigkeiten: Selbstmotivation.

5 Sie verfügt über ausgezeichnetes Knowhow. Besondere Fähigkeiten: Fachwissen, Expertentum.

6 Sie ist ausdauernd. Besondere Fähigkeiten: Hartnäckigkeit, hohe Frustrationstoleranz, überdurchschnittliche Energie, sich nicht mit der ersten Lösung zufrieden geben.

7 Sie verfügt über eine sichere Urteilskraft. Besondere Fähigkeiten: Herausfiltern aussichtsreicher Ansätze, Erkennen tragfähiger Lösungen, unbestechlicher Blick für Mängel.

Auch bei sehr kreativen Menschen kommt es selten vor, dass alle Eigenschaften in gleicher Weise ausgeprägt sind. Jedoch lässt sich jede dieser Eigenschaften gezielt fördern. Wenn Sie Ihre Schwächen kennen, können Sie diese ausgleichen.

Möchten Sie ein Kreativ-Team zusammenstellen, erzielen Sie die besten Resultate, wenn Sie darauf achten, dass sich die Stärken der Teilnehmer ergänzen: Sprudelt ein Mitarbeiter vor origineller Ideen, ist aber etwas sprunghaft, so sollten Sie jemanden ins Team holen, der mit eiserner Disziplin eine Lösung ausarbeitet, und einen Dritten, der zwar wenig brillante Ideen, doch ein sicheres Gespür dafür hat, was funktioniert.

Entdecken Sie Ihre kreative Domäne

Auf den ersten Blick scheint es ein wenig paradox, aber die kreativsten Persönlichkeiten sind oft nur auf einem einzigen Gebiet wirklich schöpferisch, während sie in anderen Bereichen sogar vollkommen einfallslos sein können.

Eigentlich müsste man ja annehmen, dass sie ihren kreativen Denkstil auch auf andere Bereiche ausdehnen. Doch dies ist nicht der Fall, denn Kreativität ist, wie der Psychologe Howard Gardner meint, „nicht eine Art Flüssigkeit, die sich in alle Richtungen verströmen kann", sondern an ein bestimmtes Gebiet gebunden. Niemand sei „kreativ im Allgemeinen", sondern nur „kreativ in X". Diese Beobachtung wird von vielen Forschern geteilt, die sich mit der „großen Kreativität" beschäftigt haben.

> Daniel Goleman, Psychologe und Entdecker der „Emotionalen Intelligenz", hat festgestellt, dass diejenigen Kinder am kreativsten sind, „die sich schon früh von einer bestimmten Beschäftigung angezogen fühlten".

Gezielte Kreativität fördern

Auch wenn Vielseitigkeit Ihrer Kreativität bestimmt keinen Abbruch tut, ist es sinnvoll, wenn Sie sich auf ein Spezialgebiet, auf Ihre Domäne, konzentrieren, anstatt sich zu verzetteln. Ihre Domäne ist der Bereich, in dem Sie sich am besten auskennen und bei dem Sie am meisten Spaß haben. Ist das Ihr Beruf oder ein Teil Ihres Aufgabengebietes, ist das natürlich die beste Voraussetzung, dort kreativ zu sein.

Kann man Kreativität messen?

Einige Kreativitätsforscher haben eine Reihe von Aufgaben und Tests entwickelt, die darüber Aufschluss geben sollen, wie kreativ jemand ist.

Beispiel: Typische „Kreativitätstests"

- Stellen Sie sich vor, alle Polizisten hießen mit Vornamen Günther. Welche Konsequenzen könnte das haben? Sie haben drei Minuten Zeit, Ihre Gedanken zu notieren.

- Nennen Sie in drei Minuten so viele essbare weiße Gegenstände wie möglich.

- Ein Tischtennisball befindet sich unten in einem 15 cm langen Stahlrohr, das in einen Betonboden eingegossen ist. Als Hilfsmittel stehen Ihnen zu Verfügung: eine 30 Meter lange Wäscheleine, eine Schale Haferflocken, ein Krug Milch, ein Schraubenzieher, ein Drahtkleiderbügel, eine Zange und eine Glühbirne. Wie viele Möglichkeiten finden Sie, den Ball herauszuholen, ohne den Ball, das Rohr oder den Betonboden zu beschädigen?

- Wozu kann man einen Ziegelstein verwenden? Schreiben Sie in drei Minuten alle Möglichkeiten auf, die Ihnen einfallen.

Mit diesen Aufgaben will man überprüfen, inwieweit die Testperson in der Lage ist, sich von eingefahrenen Denkschemata zu lösen. Wenn sie möglichst viele, auch „verrückte" Vorschläge notiert, wenn sie entdeckt, dass man den Tischtennisball aus dem Rohr bekommt, wenn man Milch hineingießt oder den Drahtbügel zu einer Pinzette umbiegt, gilt dies als kreativ.

Heute werden solche Tests nur noch begrenzt ernst genommen. Das Phänomen Kreativität ist zu vielschichtig, als dass es mit solchen etwas kuriosen Aufgaben zu überprüfen wäre. Wie wir festgestellt haben, sind viele äußerst kreative Menschen nur auf einem Gebiet schöpferisch. Abgesehen davon gibt es starke Bedenken, dass bei manchen Aufgaben nur die bloße Anzahl der Antworten bewertet wird. Quantität kann hier jedoch kaum das ausschlaggebende Maß für eine Beurteilung sein. Wie der Kreativitätsforscher Bernhard Floßdorf über die fast schon klassische Ziegelsteinaufgabe bemerkt hat: „Angenommen, eine Testperson ginge hin, ergriffe den Ziegelstein und erschlüge den Testleiter. Wäre diese Person kreativ?"

Der einzig zuverlässige Maßstab, wie kreativ eine Person ist, sind ihre kreativen Ideen.

Die fünf häufigsten Irrtümer über die Kreativität

Viele weit verbreitete Auffassungen von Kreativität sind nicht zutreffend. Zwar enthalten sie meist einen „wahren Kern", jedoch sind die folgenreichsten Irrtümer oft 90-prozentige Wahrheiten.

Irrtum Nr. 1:
„Kreativität entsteht aus Chaos"

Nach dieser Auffassung sind Sie kreativ, wenn Sie die größt-mögliche Unordnung schaffen. Beseitigen Sie Ihre „Denkblo-ckaden". Wirbeln Sie alles durcheinander und stellen Sie neue verrückte Dinge damit an. Seien Sie desorganisiert und lassen Sie sich nicht festnageln. Halten Sie Ihre Ideen „flüssig" und versuchen Sie auf keinen Fall, sie in ein System zu pressen. So etwas überlassen Sie den „unkreativen Erbsenzählern".

Feste Strukturen sind der Kreativität jedoch keineswegs hin-derlich und müssen auch nicht notwendigerweise beseitigt werden, damit die Kreativität strömen kann. Zwar müssen Sie sich im kreativen Prozess von der gegebenen Ordnung lösen, ungewohnte Verfahren, neue Sichtweisen ausprobieren, die Dinge neu und anders miteinander kombinieren. Dabei kann Ihnen zeitweilig der Überblick verloren gehen, was Sie jedoch nicht als Ausdruck Ihrer Kreativität missverstehen sollten.

> Auf jeden Fall gehört es zum kreativen Prozess, dass Sie Ihre Idee in die vorgegebene Ordnung einpassen müssen. Oder Sie ändern die Ordnung. Aber gerade dann müssen Sie besonders konzentriert und systematisch vorgehen.

Irrtum Nr. 2:
„Fachleute sind selten kreativ"

Unterstellt wird, dass Fachfremde die Dinge „unvoreingenommen" betrachten und sie deshalb auf Ideen kommen, die den Experten niemals einfallen würden. Wenn Sie kreative Ideen benötigen, sollten Sie erst einmal hören, was einem Laien zu Ihrem Problem einfällt.

Das Gegenteil ist richtig: Gerade Laien sehen die Dinge höchst voreingenommen und beurteilen sie nach ihrem Alltagsverstand. Sie sind meist nicht in der Lage, die Wirkung ihrer Vorschläge abzuschätzen. Auch ist der Alltagsverstand in der Regel weit weniger originell, als hartnäckig unterstellt wird. Natürlich gibt es unter Experten Betriebsblindheit, fachliche Voreingenommenheit und Risikoscheu. Auch trennen sich Fachleute nur schwer von ihren Überzeugungen. Doch eines ist gewiss: Kreative Ideen kommen niemals von Leuten, die keine Ahnung haben.

Irrtum Nr. 3:
„Junge Menschen sind besonders kreativ, vor allem Kinder"

Eine weit verbreitete Annahme: In jungen Jahren sind die Menschen noch kreativ, je älter sie werden, desto stärker schmilzt die Kreativität dahin. Aufgaben, die viel Kreativität erfordern, sollten deshalb an jüngere Mitarbeiter vergeben werden. Besonders kreative Resultate erzielen Kinder.

Richtig daran ist, dass der Grundstein zur Kreativität in der Kindheit gelegt wird. Doch gleichgültig, wie man kindliche Kreativität bewerten mag, ein Maßstab für Erwachsene ist sie nicht. Zwar sind jüngere Menschen tendenziell aufgeschlossener, geistig beweglicher und risikofreudiger als ältere, jedoch hat sich gezeigt, dass die Menschen, die kreativ sind, es auch im Alter bleiben. Allerdings ändert sich ihre Kreativität. Sie entwickeln zwar weniger Lösungsvorschläge als jüngere, jedoch ist der Anteil brauchbarer Anregungen höher.

Irrtum Nr. 4:
„Kreative Menschen sind Außenseiter"

Wer kreative Einfälle hat, steht am Rande der Gesellschaft, glauben viele. Als Außenseiter braucht er keine Rücksicht zu nehmen und kann deshalb eher radikal neue Lösungen entdecken. In zugespitzter Form wird eine Forderung daraus: Kreative Menschen sollten sich dem gesellschaftlichen Konsens entziehen und alles grundsätzlich in Frage stellen, was allgemein anerkannt ist. Sie sollten „Querdenker" sein.

Doch viele erfolgreiche kreative Ideen kommen von ziemlich angepassten Menschen. Eine gewisse Distanz mag zwar hilfreich sein, jedoch auch eine gewisse Nähe zur „kreativen Domäne". Andernfalls hätte die kreative Idee keine Bedeutung. Abgesehen davon ist der „Querdenker" längst eine erstarrte Attitüde, die oft mehr mit selbstgefälliger Mäkelei zu tun hat als mit irgendeiner Form von Kreativität.

Irrtum Nr. 5: „Kreativ bin ich selber – dazu brauche ich keine Technik"

Fragen Sie kreative Menschen, ob sie eine bestimmte Technik benutzen, so werden viele das entrüstet bestreiten. Kreativität ist nach ihrem Verständnis ein Naturgewächs, und da darf man nicht mit Technik heran. Denn Technik hat etwas mit Berechenbarkeit und kalter Rationalität zu tun, dabei sollen die kreativen Ideen doch geradewegs aus dem warmen Bauch strömen.

Hier liegt ein Missverständnis des Begriffs „Technik" vor, denn Kreativitätstechniken erheben gar nicht den Anspruch, kreative Ideen gleichsam automatisch zu erzeugen. Sie sind ein Hilfsmittel, ein mitunter sehr wirksames, der eigenen Kreativität auf die Sprünge zu helfen. Mit bewährten Tipps und mit System. Doch die Ideen müssen Sie selbst haben.

Der kreative Prozess

Wie kommen Sie nun zu einer kreativen Lösung? Im Folgenden stellen wir Ihnen die notwendigen Schritte vor, nach denen Sie bei der Ideenfindung vorgehen können:

- Bestimmen Sie zunächst Ihr Ziel.
- Verschaffen Sie sich dann einen Überblick.
- Vollziehen Sie den „kreativen Sprung".
- Bewerten Sie anschließend Ihre Ideen und arbeiten sie aus.
- Setzen Sie schließlich Ihre Lösung durch.

Erster Schritt: Bestimmen Sie Ihr Ziel!

Bevor Sie Ihr kreatives Rüstzeug anlegen, sollten Sie sich darüber klar werden, was Sie überhaupt erreichen möchten. Geben Sie sich ein klares Ziel, damit Sie nicht planlos herumirren oder in die falsche Richtung laufen. Sie brauchen nicht zu befürchten, dass Sie das zu sehr einengt. Sollte sich Ihr Ziel später als unrealistisch oder nicht erstrebenswert erweisen, können Sie es immer noch korrigieren.

Formulieren Sie Ihr Ziel

– als Frage, auf die Sie eine Antwort haben möchten
– als Wunsch: „Ich möchte ... erreichen"

Sich Ziele zu setzen, gehört zur Kreativität dazu. Ziele entstehen aus Problemen und offenen Fragen. Kreative Menschen haben die Fähigkeit, Probleme und offene Fragen zu entdecken, Dinge, die anderen festgefügt und selbstverständlich scheinen, in Zweifel zu ziehen und nach Alternativen zu suchen.

> Legen Sie Ihr Ziel auf jeden Fall schriftlich fest! Es erleichtert Ihnen, bei der späteren Lösungssuche den Überblick zu behalten.

Wie finden Sie Ihr Ziel?

- Formulieren Sie ein möglichst konkretes Ziel. Also nicht: „Ich möchte ein erfolgreicher Personalleiter werden!" Sondern: „Ich möchte die Personalbeschaffung in der mittleren Führungsebene verbessern."

- Ihr Ziel sollte aber auch nicht zu konkret sein. Also nicht: „Ich möchte den Absatz von Damenfeinstrumpfhosen im zweiten Quartal um 7,5 % erhöhen." Sondern: „Ich möchte neue Kundengruppen für unsere Strumpfwaren ansprechen."

- Geeignete Ziele ergeben sich immer dann, wenn Sie auf ein Problem stoßen. Ob privat, bei Ihrer Tätigkeit oder in Ihrem Unternehmen. Entwickeln Sie Sensibilität für Probleme – auch für die Probleme der anderen.

- Andere mögliche Ziele sind Verbesserungen bei dem, was Sie täglich tun, was also zu Ihrer Routine gehört. Zum Beispiel: „Wie kann ich besser mit unseren Zulieferern verhandeln?"

- Sehr schnell fündig werden Sie auch bei neuen Projekten. Zum Beispiel: „Wie soll unsere neue Telefonanlage aussehen?"

- Ein weites Feld für „kleine" kreative Ziele bietet die Suche nach Kostenreduktion. Zum Beispiel: „Wie können wir die Vordrucke für das Vorschlagswesen einsparen?"

- Natürlich eignen sich auch Ziele, die Ihr persönliches Umfeld oder ein Hobby betreffen.

Achten Sie darauf, dass Sie sich ein erreichbares Ziel setzen, wobei Sie die Hürden auch nicht zu niedrig legen sollten; Ihr Ziel sollte eine gewisse Herausforderung für Sie sein.

Welche Technik können Sie einsetzen?
Mindmapping, Konzeptfächer, progressive Abstraktion (→ „Die Kreativitätstechniken").

Zweiter Schritt: Verschaffen Sie sich einen Überblick!

Das Ziel ist klar. Nun geht es darum, die Voraussetzungen zu schaffen, dass Sie auch dorthin gelangen. Sie brauchen Orientierung. Sie müssen wissen, wie Ihr Problem strukturiert ist, welche Informationen Sie benötigen und wie sie beschafft werden können. Wenn Sie diese Informationen haben, müssen Sie sie einordnen. Vielleicht ändert sich Ihre Fragestellung dann auch komplett!

Die erste Orientierung

- Notieren Sie zu Anfang alles, was Sie über das Problem bereits wissen. Oft wissen Sie mehr, als Ihnen bewusst ist. In einzelnen Fällen springt vielleicht schon hier eine „kreative Lösung" entgegen. Empfohlene Technik: Mindmapping.

- Halten Sie fest, welche „konventionellen" Lösungsversuche es bereits gegeben hat und warum sie gescheitert sind.

- Klären Sie, welche Informationen Sie benötigen, wie und wann diese beschafft werden können.

Die zweite Orientierungsphase: Ausgangsfrage prüfen!

Sie haben sich einen Überblick verschafft, Informationen gesammelt und sollten nun zu einer erneuten Einschätzung Ihrer Fragestellung kommen. Brauchen Sie weitere Informationen, Hilfsmittel oder Ressourcen? Welche Fragen sind noch offen? Vor allem wäre jetzt zu klären: Ist Ihre Ausgangsfrage richtig gestellt oder sollte sie geändert werden?

Vielleicht ist Ihre Fragestellung zu allgemein oder zu speziell, vielleicht trifft sie nicht den Kern des Problems, vielleicht müssen Sie den Blickwinkel verändern und stoßen dabei auf die „eigentliche Frage". Bei der Analyse hilft Ihnen die Technik „Konzeptfächer" (siehe Abschnitt „Konzeptfächer, Progressive Abstraktion").

Sammeln Sie noch mehr Informationen!

In dieser Phase empfiehlt es sich, möglichst viele Informationen aufzunehmen, auch solche, die nicht direkt mit Ihrem Problem zu tun haben. Denn viele Hinweise, die Sie für eine kreative Lösung benötigen, stecken oft in vermeintlichen Randbereichen und sind bis dahin schlicht übersehen worden.

Oder Sie finden eine wichtige Anregung in einem ganz anderen Gebiet. In manchen Fällen ist es sinnvoll, sich mit Themen zu beschäftigen, die mit dem eigentlichen Problem auf den ersten Blick kaum etwas zu tun haben.

Wie viel Zeit und Energie Sie investieren wollen, hängt von Ihnen ab. Sie können die Informationssuche bis ins Unendliche ausdehnen und werden unter Umständen doch nicht fündig. Sie brauchen ein gewisses Gespür für den Zeitpunkt, wann Sie mit der Informationssuche aufhören sollten.

Welche Technik können Sie einsetzen?

Brainstorming, Mindmapping, Denkhüte und Denkstühle, Funktionsanalyse, morphologischer Kasten, Konzeptfächer.

Dritter Schritt: Machen Sie den „kreativen Sprung"!

Jetzt beginnt die Phase des spielerischen Ausprobierens, des Abdriftens, des divergenten Denkens. Jetzt dürfen Sie „kontrolliert spinnen". Lösen Sie sich von Ihren Vorstellungen, überschreiten Sie Grenzen, lassen Sie die Dinge fließen.

Das ist leichter gesagt als getan, denn am Ende Ihrer geistigen Purzelbäume soll ja eine kreative Idee stehen – und nicht bloß ein origineller Einfall.

Um Ihre Gedanken aus den gewohnten Denkbahnen zu verrücken, gibt es zahlreiche Techniken. Ihr Ziel ist – nach dem Modell von de Bono (siehe Abschnitt „Routine und Kreativität") – der „kreative Sprung": Mithilfe dieser Techniken katapultieren Sie sich zu einer neuen Idee außerhalb Ihres „Denkstroms". Wenn es Ihnen gelingt, von hier aus Anschluss an Ihren gewohnten Denkstrom zu finden, hat die Kreativitätstechnik funktioniert. Sie haben die kreative Idee gefunden.

Die „kreative Sitzung"

Kreativ sein kann man bei fast jeder Gelegenheit. Es fördert jedoch Ihre Kreativität, wenn Sie ihr einen festen Rahmen geben: die „kreative Sitzung", bei der Sie vorsätzlich und planmäßig neue Gedanken ausprobieren dürfen. Dabei helfen Ihnen die Kreativitätstechniken. Eine „kreative Sitzung" können Sie in der Gruppe oder auch allein abhalten.

Was tun bei Gedankenblockade?

Immer wieder kann es vorkommen, dass Sie festhängen oder dass Ihnen absolut nichts einfällt. Gerade am Anfang geschieht so etwas häufiger. Das sollte Sie nicht verunsichern oder an Ihren kreativen Fähigkeiten zweifeln lassen. Eine Blockade hat schließlich jeder einmal. Das Beste, was Sie tun können, ist gelassen zu bleiben. Legen Sie eine Pause ein und nehmen Sie dann einen neuen Anlauf. Klappt es auch jetzt noch nicht, brechen Sie Ihre kreative Sitzung ab und widmen Sie sich einer anderen Aufgabe. Das nächste Mal klappt es bestimmt.

Und wenn Sie nur unbrauchbare Einfälle produzieren?

Sicher werden Sie mehr als einmal bei Ihrer Gedankensuche im Abseits landen. Davon sollten Sie sich nicht entmutigen lassen. Kreative Lösungen brauchen meist einen langen Atem. Im Nachhinein werden Sie dann feststellen: Jeder Fehlschlag ist ein Schritt auf dem Weg zur Lösung. Kommen aber auf Dauer nur verdrehte Ideen heraus, die für Sie nicht einmal als

„interessante Anregungen" verwertbar sind, kann dies folgende Gründe haben:

- Sie gehen zu streng an die Sache heran. Versuchen Sie, spielerischer zu sein, die Dinge lockerer zu sehen. Lassen Sie sich auch auf Gedanken ein, die Ihnen zunächst bizarr erscheinen.

- Ihr Ziel ist zu ehrgeizig. Vielleicht ist die Zeit noch nicht gekommen, das Problem zu lösen. Wählen Sie sich ein neues, vielleicht eine Nummer kleiner.

- Möglicherweise wissen Sie noch zu wenig über Ihr Thema. Verschaffen Sie sich zusätzliche Informationen.

- Ihr „Assoziationsfeld" ist zu klein. Erweitern Sie es, lernen Sie neue Bereiche kennen.

- Ihnen macht ein Kreativitätskiller zu schaffen. Entziehen Sie sich seinem Einfluss.

- Sie haben die falsche Kreativitätstechnik. Probieren Sie eine andere aus. Vielleicht bringt die Sie auf bessere Ideen.

- Sie geben sich zu wenig Zeit. Kreative Ideen kommen fast immer unangemeldet. Warten Sie ab.

Die Inkubationszeit

Vor allem der Faktor Zeit ist außerordentlich wichtig. Sie dürfen nicht erwarten, dass Sie eine Kreativitätstechnik anwenden und dann die Lösung bekommen. Gedanken lassen sich nicht erzwingen, sie müssen reifen. Für die Zeitspanne, in der eine kreative Idee langsam und oft unbemerkt heranwächst, hat sich der Ausdruck „Inkubationszeit" eingebürgert.

Dieser Ausdruck stammt aus der Medizin und bezeichnet ursprünglich die Zeitspanne zwischen Ansteckung und Ausbruch einer Krankheit. Im kreativen Bereich ist das natürlich positiv gemeint: Eine Idee entsteht häufig nicht nach und nach, sondern erscheint unvermittelt als Ganzes, obwohl ihre „Erreger" schon länger wirksam sind.

Der Ideenblitz

Es ist ein verbreitetes Phänomen, dass sich die Lösung gerade dann einstellt, wenn man gerade nicht angestrengt darüber nachdenkt: beim Autofahren, beim Fernsehen, auf einem Spaziergang. Schlagartig wird Ihnen bewusst, was zu tun ist.

Nach einer Umfrage kommen Führungskräfte am häufigsten „in der Natur" auf kreative Ideen. Das heißt natürlich nicht, dass Ihre Arbeit am Schreibtisch nutzlos ist oder dass Sie kreativer werden, wenn Sie häufiger im Wald spazieren gehen. Denn der „Ideenblitz" kann Sie natürlich nur erleuchten, wenn Sie vorher die Voraussetzungen dazu geschaffen haben. Wenn das Problem lange genug in Ihnen gearbeitet hat. Anders gesagt: Sie müssen die Lösung bereits im Kopf haben, bevor sie herausfallen kann.

> Eines sollten Sie sich klarmachen: Es ist notwendig, dass Sie immer wieder Abstand zu Ihrem Problem gewinnen, dass Sie schöpferische Pausen einlegen, geistige Waldspaziergänge unternehmen. Und zwar nicht erst, wenn Sie glauben, dass die Lösung unmittelbar bevor steht.

Woran erkennen Sie eine kreative Idee?

Es gibt Einfälle, da wissen Sie ganz genau, dass Sie fündig geworden sind. Sie haben die Lösung, Sie müssen Ihre Idee „nur noch" ausarbeiten.

In vielen Fällen gibt es jedoch gar nicht die eine Lösung des Problems, sondern mehr oder weniger sinnvolle Möglichkeiten, die Aufgabe kreativ zu bewältigen. Etwa wenn Sie als Werbetexter einen neuen Slogan entwerfen oder als Marketingleiter über neue Maßnahmen zur Verkaufsförderung nachdenken.

Eine Idee sagt Ihnen zu, aber Sie wissen noch nicht, ob sie funktioniert. Oder Sie sind von keiner Idee so richtig überzeugt, müssen aber innerhalb einer bestimmten Frist ein Ergebnis präsentieren. Dann wählen Sie die besten zwei, drei Vorschläge aus – und unternehmen den nächsten Schritt: die Ausarbeitung.

Welche Technik können Sie einsetzen?

Brainstorming, Brainwriting, Bisoziation, Synektik, mentale Provokation, Denkstühle und Denkhüte, Reizwort-Analyse.

Vierter Schritt: Bewerten und ausarbeiten!

Achtung! Hier müssen Sie die Denkrichtung ändern. Sie sind nicht länger schöpferisch tätig, sondern müssen Ihre Idee kritisch unter die Lupe nehmen und sorgfältig ausarbeiten.

Divergente Abwege sind nicht mehr gefragt, nun sollten Sie Ihren konvergenten Verstand einschalten.

Wenn Sie unter Termindruck arbeiten, sollten Sie ausreichend Zeit für die Ausarbeitung einplanen. Vermutlich werden Sie Ihren Auftraggeber mit einem nur halb genialen, aber sauber ausgearbeiteten Vorschlag eher überzeugen als mit einem halb garen Geniestreich.

Formulieren Sie die Idee aus, schriftlich, präzise und positiv. Dann arbeiten Sie die Checkliste durch.

Checkliste zur Beurteilung Ihrer kreativen Ideen

- Ist die Idee realisierbar?
  Unter welchen Voraussetzungen?

- Welchen Nutzen hat die Idee?

- Welche Kosten verursacht sie?

- Welche weiteren Konsequenzen könnte diese Idee haben?

- Zu welchem Preis soll die Idee/das Produkt verkauft werden?

- Wie ist die Idee im Vergleich zur Konkurrenz?

- Gibt es noch überflüssigen Ballast?

- Welche Schwächen hat die Idee? Wie lassen sie sich
  verhindern oder minimieren?

- Wer ist bereit, die Idee durchzusetzen? Wer muss noch
  gewonnen werden?

- Ist die Idee einleuchtend?

- Wollen Sie die Veränderungen, die mit der Idee verbunden sind? Passt die Idee zu Ihnen und Ihrer Persönlichkeit?

Die Ausarbeitungsphase wird sehr häufig unterschätzt. In vielen Kreativi-
tätsbüchern kommt sie nur am Rande vor, dabei ist eine kreative Idee
ohne Ausarbeitung wie ein Flügel ohne Vogel.

Weiter ausarbeiten oder verwerfen?

Aus Ihren Antworten ergeben sich Hinweise, wo Sie weiterarbeiten müssen, was noch zu klären und was noch zu verbessern ist. Allerdings: Fast jede Ihrer Antworten kann Ihrer Idee auch den Todesstoß versetzen.

Beispiel:

 Wenn Sie feststellen, dass Ihre Idee zu hohe Kosten verursacht, müssen Sie diesen Missstand korrigieren. Prüfen Sie alle denkbaren Alternativen, wie Sie die Kosten reduzieren können. Finden Sie keine Lösung, können Sie sich diesen einen Punkt zum Ziel setzen und bei Schritt 2 wieder in den kreativen Prozess einsteigen – vorausgesetzt, die Idee hat nicht noch weitere eminente Schwachpunkte. Sonst sollten Sie – auch wenn es schwer fällt – die Idee aufgeben. Dies gilt auch für den Fall, wenn Sie definitiv wissen, dass sich dieser Mangel nicht abstellen lässt.

Vorsicht, Denkfalle!

Allerdings sollten Sie einen gar nicht so seltenen Fall vermeiden: dass Sie im dritten Schritt tollkühne Ideen produzieren, die Sie dann im vierten Schritt regelmäßig wieder verwerfen.

Seien Sie nicht plötzlich übervorsichtig, aber auch nicht überkritisch. Seien Sie konstruktiv. Spüren Sie die positiven Aspekte auf. Vorrangig muss es Ihr Ziel sein, die Idee zu verbessern und fein zu schleifen. Erst wenn das nicht möglich ist, sollten Sie die Idee wieder fallen lassen.

Zweiter Check

Haben Sie Ihre Idee ausgearbeitet, gehen Sie nochmals die Checkliste durch. Gibt es noch Schwachpunkte? Alle kleinen Mängel werden Sie nicht abstellen können, und manches müssen Sie sicher offen lassen.

Entscheidend ist: Sie müssen Ihre Idee jetzt akzeptieren und vertreten können. Ist dies nicht der Fall, sind Sie mit Ihrer Ausarbeitung noch nicht am Ende. Denn wenn Sie nicht so recht von ihr überzeugt sind, dürfen Sie nicht erwarten, dass sich andere von ihr mitreißen lassen. Schließlich steht Ihnen noch der entscheidende letzte Schritt bevor: die Idee auch durchzusetzen.

Welche Technik können Sie einsetzen?

Die Ideen-Checkliste (siehe oben).

Fünfter Schritt: Setzen Sie Ihre kreative Lösung durch!

Nicht immer werden kreative Ideen mit offenen Armen aufgenommen. Neue Ideen werden zwar allenthalben angemahnt, aber sehr oft nicht angenommen. Lang ist die Liste bahnbrechender Ideen, die zunächst abgelehnt wurden, bis sie endlich jemand verwirklicht hat.

Die Gründe dafür sind vielfältig:

- Tendenziell hat es das Neue schwer, sich durchzusetzen, weil es das Alte, Vertraute und Bewährte verdrängen muss.
- Der Ruf nach Innovationen ist oft nur ein Lippenbekenntnis. Unternehmen investieren oft viel Geld in Neuentwicklungen, die sie nicht aufgreifen, weil sie befürchten, die altbekannten Probleme durch neue zu ersetzen.

Kritikern den Wind aus den Segeln nehmen

Sie müssen mit Widerstand rechnen. Auch wenn Sie beauftragt worden sind, ein konkretes Problem zu lösen, brauchen Sie noch viel Energie, gerade Ihre Lösung durchzusetzen. Sie müssen Überzeugungsarbeit leisten. Und dabei können Sie meist gar nicht hartnäckig genug sein.

Auf jeden Fall sollten Sie sich mit möglichen Einwänden auseinander setzen, bevor Sie Ihre Idee präsentieren. Überlegen Sie sich gut, wie Sie diese Kritik entkräften. Besonders gründlich müssen Sie sich auf Sachargumente vorbereiten. Wie Sie dabei am besten vorgehen, kommt ganz auf den Einzelfall an.

Rechnen Sie aber auch mit den folgenden unsachlichen Standardargumenten:

- „Das Geld sollten wir lieber für xy ausgeben."
- „Gut und schön, aber in der Praxis funktioniert das nicht!"
- „Das haben wir schon mal versucht. Ohne Erfolg."

- „Der Kunde will so was nicht haben!"
- „Wenn das klappen würde, wäre man bestimmt schon längst darauf gekommen."
- „Das widerspricht unseren Erfahrungen."
- „Experte xy ist zu einem ganz anderen Ergebnis gekommen."

Heben Sie den Nutzen hervor!

Im Wesentlichen kommt es darauf an, dass Sie den Nutzen herausstreichen. Wenn Sie viele starke Argumente haben, heben Sie sich das Beste für den Schluss auf. Schwächere Argumente lassen Sie ganz weg, denn Ihre Argumentation ist nur so stark wie das schwächste Glied. Ein einziges starkes Argument ist überzeugender als ein starkes und zwei schwache. Heben Sie besonders hervor:

- Was leistet Ihre Idee?
- Welche Vorteile ergeben sich, wenn sie umgesetzt wird?
- Welche Nachteile, wenn alles beim Alten bleibt?

Suchen Sie sich Verbündete

Überlegen Sie, wer von Ihrer Idee profitieren könnte. Wer könnte Sie unterstützen? Und wie? Können Sie Leute mobilisieren, die Ihnen in wichtigen Teilbereichen helfen?

Gibt es Leute, die für die Durchsetzung Ihrer Idee besonders wichtig sind? Wer hat Einfluss auf diese Leute? Gibt es Alternativen?

Auf jeden Fall lohnt es sich, für Ihre Idee zu werben. Denn keine Idee setzt sich von alleine durch. Sie brauchen Unterstützung. Können Sie diejenigen nicht gewinnen, auf die es ankommt, kann Ihre Idee noch so brillant sein, sie wird vergessen.

Die elf Kreativitätskiller

1. Sicherheitsdenken

Der sicherste Weg, Kreativität zu verhindern: keine Fehler und Irrtümer zuzulassen. Wer sich keine Fehler leisten kann, denkt defensiv. Er geht auf Nummer sicher. Sollten ihm neue Ideen in den Sinn kommen, wird er kaum den Mut aufbringen, sie auszuprobieren.

Was Sie dagegen tun können

- Haben Sie Mut zum Risiko. Schaffen Sie Bereiche, in denen Sie gefahrlos experimentieren können.
- Im Unternehmen: Wecken Sie die Bereitschaft, neue Dinge auszuprobieren. Kalkulieren Sie Fehlschläge ein.

2. Konkurrenzdruck

Konkurrenzdruck gilt vielfach als bewährtes Mittel, um Mitarbeiter zu besseren Leistungen anzuspornen, ist jedoch auf jeden Fall ungeeignet, um Kreativität zu fördern. Wer den Konkurrenten im Nacken spürt, hat wenig Sinn für schöpferische Gedankenspiele. Seine Energie richtet sich gegen den Konkurrenten, nicht auf das Problem. Weiterhin erschwert

Konkurrenzdruck Zusammenarbeit und Kommunikation, zwei wesentliche Voraussetzungen für kreatives Arbeiten.

Was Sie dagegen tun können

- Sorgen Sie für ein entspanntes Arbeitsklima, in dem sich Kreativität entfalten kann.
- Für Ihr Unternehmen: Vermeiden Sie ausgesprochene Wettbewerbssituationen, in denen Mitarbeiter kreativ sein sollen. Bremsen Sie Kollegen, die sich auf Kosten anderer profilieren.

3. Erwartungsdenken

Bei den meisten Dingen, die Sie unternehmen, wissen Sie vorher ganz genau, was geschehen wird. Das ist auch sinnvoll, denn es gibt Ihnen Sicherheit, entlastet Ihr Denken und Ihre Wahrnehmung. Die Kehrseite dieses Phänomens nennen die Psychologen Erwartungsdenken oder set thinking: Sie nehmen genau das wahr, was Sie erwarten. Das macht Sie blind für Abweichungen, Nuancen oder neue Erfahrungen. Sie sind unfähig, etwas zu entdecken, weil sich Ihre Wahrnehmungen nur noch selbst bestätigen. Ihr Denken steckt in einem Käfig.

Was Sie dagegen tun können

Schärfen Sie Ihre Aufmerksamkeit. Versuchen Sie, die Dinge möglichst unvoreingenommen zu betrachten – gerade wenn Sie schon sehr gut darüber Bescheid wissen. Nehmen Sie die Dinge einmal aus einer völlig ungewohnten Perspektive wahr.

Stellen Sie probehalber Dinge in Frage, die Sie für selbstverständlich halten.

4. Belohnungen

Nur auf den ersten Blick ein Paradox: Wer auf eine Belohnung hinarbeitet, ist selten kreativ. Der Grund: Er ist an der Prämie interessiert, nicht an der Lösung des Problems. Kreative Menschen finden in der zu lösenden Aufgabe selbst den größten Anreiz.

Wie Sie Belohnungen richtig einsetzen

- Wenn Sie selbst kreativ sein wollen, sollte für Sie nicht die Belohnung, sondern das Problem im Vordergrund stehen.
- Für Ihr Unternehmen gilt: kreative Leistungen fördern, aber nicht übermäßig prämieren. Wie die Kreativitätsforscherin Teresa Amabile festgestellt hat, wird uns das Vergnügen an der Sache selbst genommen, wenn wir nur auf Belohnung hinarbeiten. Allerdings: Anerkennung und eine angemessene Prämie für kreative Leistungen sind durchaus sinnvoll.

5. Sprunghaftigkeit

Wer viele, immer neue Einfälle hat, gilt als kreativ. Häufig wird vergessen, dass eine kreative Idee nicht nur ungewöhnlich, sondern auch brauchbar sein sollte. Kreative Ideen müssen ausgearbeitet werden. Oft ist das ein mühsamer, langwieriger Prozess, den Sie nicht durchstehen, wenn Sie gleich zum nächsten Einfall übergehen, sobald sich die ersten Schwierigkeiten bemerkbar machen.

Was Sie dagegen tun können

- Versuchen Sie, Ihre Ziele aufmerksam und hartnäckig zu verfolgen. Konzentrieren Sie Ihre Energie auf einen Vorschlag und arbeiten Sie ihn gründlich aus.

- In Ihrem Unternehmen: Lassen Sie sich von brillanten Ideenfeuerwerken nicht beeindrucken, lenken Sie die Aufmerksamkeit auf die Lösung des Problems.

6. Zeitdruck

Vielfach genießt er einen ausgezeichneten Ruf. Nicht wenige Kreative behaupten, dass sie unter Zeitdruck besonders gut arbeiten könnten. Was allerdings auch eine Selbsttäuschung sein kann. Denn viele Kreative pflegen die Arbeitstechnik der „letzten Minute"; das heißt, sie lassen die Arbeit lange Zeit liegen, um sie dann in einem titanischen Akt ununterbrochenen Schuftens gerade noch rechtzeitig fertigzustellen. Dabei gerät in Vergessenheit, dass die scheinbar müßige Zeit meist als „Inkubationsphase" dient, in der die kreativen Ideen bebrütet werden, die dann in der produktiven Endphase ausschlüpfen können.

Wem wirklich wenig Zeit zu Verfügung steht, kann sich in der Regel nicht erlauben, seine Gedanken ausführlich spazieren zu führen und verschiedene Möglichkeiten zu ergründen. Er steht unter Stress und greift sich den ersten brauchbaren Gedanken. Wer in Verzug gerät, reagiert oft panisch und bringt gar kein Ergebnis zustande.

Was Sie dagegen tun können

- Planen Sie genügend Zeit ein und legen Sie immer wieder schöpferische Pausen ein. Wenn Sie die Arbeitstechnik der „letzten Minute" verinnerlicht haben, sollten Sie ein Gespür dafür entwickeln, wie lang Ihre Anlaufphase sein darf und wann Sie loslegen müssen.

- Für Ihr Unternehmen: Mitarbeiter bei kreativen Aufgaben nicht zeitlich unter Druck setzen.

7. Schlechte Rahmenbedingungen

Weithin unterschätzter Kreativitätskiller: Viele kreative Meetings finden in einer Atmosphäre statt, die den Teilnehmern jede Lust am Fabulieren austreibt. Wenn Mitarbeiter in einem Raum, in dem sie sonst ihre alltägliche Arbeit verrichten, auf Kommando kreativ sein sollen, geht das in der Regel schief. Auch viele Besprechungszimmer sind als Schauplatz kreativer Höhenflüge ungeeignet. Und wenn dann das kreative Meeting noch in der Mittagspause oder am Abend stattfindet, wenn alle hungrig, müde und ausgelaugt sind, dürften selbst die kreativsten Köpfe leer sein.

Was Sie dagegen tun können

Sie müssen keinen großen Aufwand treiben, um eine geeignete Atmosphäre herzustellen. Entscheidend ist: Setzen Sie Ihre „kreative Sitzung" zeitlich und räumlich ab von der alltäglichen Arbeit. Sorgen Sie dafür, dass keine Unterbrechungen möglich sind.

8. Selbstzufriedenheit

Eine gute Portion Selbstbewusstsein ist der eigenen Kreativität eher dienlich. Doch wenn Selbstbewusstsein in Selbstzufriedenheit umschlägt, wirkt sich das in der Regel lähmend aus. Es ist ja alles in bester Ordnung, weshalb sollte man daran etwas ändern?

Was Sie dagegen tun können

- Ruhen Sie sich nicht auf Ihren Erfolgen aus. Verfolgen Sie aufmerksam Entwicklungen und Trends in Ihrem Umfeld. Seien Sie neugierig.

- In Ihrem Unternehmen: Selbstzufriedene Mitarbeiter neigen zur Trägheit. Machen Sie ihnen klar, was Sie von ihnen erwarten. Versuchen Sie, ihren Ehrgeiz zu wecken.

9. Gleichgültigkeit, Desinteresse

Wen seine Aufgabe nicht besonders interessiert, der wird nicht kreativ sein. Ein gewisser Enthusiasmus gehört einfach dazu. Kreative Menschen versenken sich in ihre Aufgabe und haben ein großes Interesse am Gelingen. Mitarbeiter, die nur „ihren Job" machen, sind für kreative Aufgaben ungeeignet.

Was Sie dagegen tun können

- Erschließen Sie die interessanten Aspekte Ihrer Aufgabe. Lassen Sie sich auf Ihre Aufgabe ein. Entwickeln Sie ein wenig Neugier.

- Für Ihr Unternehmen: Beauftragen Sie keine Mitarbeiter mit kreativen Aufgaben, die dafür nicht motiviert sind.

10. Ungünstige Unternehmensstruktur

Auch die besten Ideen versanden, wenn in Ihrem Unternehmen die Voraussetzungen fehlen, kreative Neuerungen aufzunehmen. Wenn die Transparenz fehlt, wenn die interne Kommunikation zu wünschen übrig lässt, wenn es zu viele Hierarchieebenen gibt und die Entscheidungswege lang sind, dann beißen sich auch die kreativsten Mitarbeiter schnell die Zähne aus.

Wenn Kreativität überhaupt gepflegt wird, ist sie für die Mitarbeiter längst zur lästigen Pflichtübung verkommen. Sie produzieren kreative Ideen nur zum Schein, da sie sicher sein können, dass kein Vorschlag eine Chance hat durchzukommen. Die Vorschläge sind entsprechend unbrauchbar. Besteht wirklich einmal Bedarf an kreativen Leistungen, werden sie von außen eingekauft.

Was Sie dagegen tun können

Wenn Sie es sich zutrauen: Reformieren Sie das Unternehmen! Eine Aufgabe, die sehr viel Energie und Kreativität erfordert. Ansonsten sollten Sie sich keinen Illusionen hingeben: Kreativ sein können Sie anderswo.

11. Mangelndes Selbstbewusstsein

„Das schaffe ich nie", glauben viele Mitarbeiter, wenn sie eine Aufgabe übernehmen sollen, die abseits ihrer gewohnten Tätigkeit liegt und daher einiges an Kreativität erfordert. Ein echter Kreativitätskiller, denn wer sich wenig zutraut, geht kein Risiko ein – weil er überzeugt ist, ohnehin zu scheitern. Das ist schade, weil das kreative Potenzial solcher Mitarbeiter oft groß ist und ungenutzt bleibt.

Was Sie dagegen tun können

- Trauen Sie sich mehr zu! Probieren Sie Verschiedenes aus, auch und gerade Dinge, die Sie noch nie getan haben. Sie werden überrascht sein, was Ihnen alles gelingt. Setzen Sie sich angemessene Ziele.

- Für Ihr Unternehmen: Stärken Sie das Selbstbewusstsein Ihrer Mitarbeiter. Loben Sie gelungene Ergebnisse. Vertrauen Sie auf die Kompetenz Ihrer Mitarbeiter.

Die Kreativitätstechniken

Zum kreativen Prozess gehört eine Reihe von spezifischen Techniken. Je nach Zweck und in unterschiedlichen Phasen stehen passende Kreativitätstechniken zur Verfügung, die wir Ihnen im Folgenden detailliert vorstellen.

Brainstorming

Brainstorming ist die älteste, bekannteste und beliebteste Kreativitätstechnik. Sie ist geeignet für Gruppen zwischen vier und acht Teilnehmern.

Zwar ist dieser Klassiker mittlerweile ein wenig in Verruf geraten, seit mehrere Studien die Effektivität dieser Methode in Zweifel gezogen haben. Dennoch wird sie in vielen bedeutenden Unternehmen und Werbeagenturen eingesetzt.

Was leistet Brainstorming?

Mit Brainstorming produzieren Sie innerhalb relativ kurzer Zeit eine Vielzahl von Ideen. Sie erhalten zahlreiche Anstöße, originelle Lösungen, die sich weiterverarbeiten lassen.

Brainstorming ist gut einsetzbar, wenn Sie bei Ihrem Problem noch am Anfang stehen, wenn Sie viele Ideen benötigen und wenn die Fragestellung relativ konkret ist.

Für welche Bereiche ist es besonders geeignet?

- für alle Bereiche, in denen eine breite Streuung der Lösungen vorteilhaft ist. Zum Beispiel Werbung

- für alle Bereiche, die die Gruppe selbst betreffen, da Brainstorming eine höhere Akzeptanz der Lösung ermöglicht. Zum Beispiel: Wie lassen sich Fehlzeiten in unserem Betrieb reduzieren?

- für Probleme, bei denen Experten aus unterschiedlichen Bereichen zusammenarbeiten müssen

Wofür ist es weniger geeignet?

- für komplexe Probleme
- wenn ein bestimmtes Spezialwissen erforderlich ist, die Gruppe aber nicht nur aus Experten besteht
- wenn Spannungen in der Gruppe bestehen oder einzelne Teilnehmer höherrangig sind als andere

Was benötigen Sie für Brainstorming?

- eine Gruppe mit vier bis acht, maximal zwölf Teilnehmern
- einen Moderator, der auch die Vorschläge protokolliert
- Flipchart, Tafel oder Moderationswand zum Aufzeichnen der Vorschläge

Dauer: Ideenfindungsphase: ca. 15-20 Minuten, Bewertungsphase: ca. 30-40 Minuten

> Brainstorming ist eine ungemein flexible Kreativitätstechnik, die fast in allen Bereichen Verwendung findet, in denen kreativ gedacht werden soll.

Wie läuft eine Brainstormingsitzung ab?

Der Moderator stellt das Thema vor und erklärt den Teilnehmern die Regeln, sofern sie noch nicht bekannt sind. Der Moderator wacht über die Einhaltung der Regeln, die im Übrigen nur während der Ideenfindungsphase gelten. Die Teilnehmer sind nun aufgerufen, spontan Vorschläge zu äußern.

Die vier Grundregeln

1   Kritik ist untersagt. Kein Vorschlag darf beurteilt werden, ehe nicht alle Vorschläge geäußert worden sind.

2   Wilde Ideen sind willkommen. Der Grund: Es ist leichter, Ideen abzuschwächen, als sie zu entwickeln.

3   Entwickeln Sie so viele Vorschläge wie möglich. Quantität geht vor Qualität.

4   Greifen Sie die Ideen anderer auf! Entwickeln Sie sie weiter und kombinieren sie neu!

Die zwei Wellen der Ideenproduktion

Erfahrungsgemäß gehen nach fünf bis zehn Minuten den Teilnehmern die Ideen aus. Auch wenn es so scheint, dass keinem mehr etwas einfiele, sollten Sie die Sitzung auf keinen Fall beenden. Machen Sie weiter! Die Teilnehmer werden meist nach kurzer Zeit weitere Vorschläge machen, zwar nicht mehr so viele, häufig aber originellere. Es lohnt sich also, die zweite Welle der Ideen abzuwarten. Manche Gruppen schaffen auch eine dritte.

Die Bewertungsphase

Sie sollte deutlich von der Phase der Ideenproduktion abgesetzt sein, also mindestens nach einer Pause stattfinden. Manchmal empfiehlt es sich, die Bewertungsphase erst am folgenden Tag zu beginnen. Denn die Teilnehmer müssen „geistig umschalten". Nun ist sachliche Kritik durchaus erwünscht, und die „wilden Ideen" müssen auf ihre Brauchbarkeit hin untersucht werden.

Die Teilnehmer bewerten alle Vorschläge: Wie praktikabel sind sie und wie sehr sagen sie uns gefühlsmäßig zu? Entweder legen Sie eine Rangfolge der Ideen fest oder Sie wählen nur eine einzige aus, die dann ausgearbeitet wird. Die verbliebenen

Ideen können mit der → Osborn-Checkliste nachbearbeitet werden.

Die Rolle des Moderators

Ein guter Moderator kann ganz entscheidend zum Gelingen des Brainstormings beitragen. Er darf sich nicht einmischen, in den Vordergrund spielen und auf keinen Fall selbst Vorschläge machen. Seine Aufgabe besteht darin,

- für eine vertrauensvolle Atmosphäre zu sorgen,
- alle Teilnehmer zu ermutigen, sich zu beteiligen,
- auf die Einhaltung der Regeln zu achten (vor allem darauf, dass niemand die Vorschläge bewertet),
- alle Vorschläge aufzuzeichnen, ohne Kommentar und ohne sie abzuändern,
- die Bewertung zu leiten, ohne selbst Stellung zu beziehen,
- dafür zu sorgen, dass die Bewertung sachlich verläuft.

Die Zusammensetzung der Gruppe

Achten Sie darauf, dass es innerhalb der Gruppe keinen ausgeprägten Konkurrenzneid gibt oder Statuskämpfe zu befürchten sind. Besonders günstig sind die Voraussetzungen, wenn es sich um ein „eingespieltes Team" handelt.

Umstritten ist, wie sinnvoll Brainstorming mit zufällig zusammengewürfelten Teilnehmern ist. Manche schwören darauf, weil sie sich Anregungen aus den unterschiedlichsten Blickwinkeln davon versprechen, andere bezweifeln, dass dabei ein brauchbares Ergebnis herauskommt.

Ist Brainstorming überflüssig?

Nach der überschwänglichen Euphorie in den 60er und 70er Jahren haben mehrere Studien Zweifel an der Wirksamkeit dieser Methode gesät. Diese Studien widerlegen, dass ein Brainstorming zwangsläufig zu mehr und besseren Ergebnissen führt, als wenn jeder Teilnehmer einzeln nach einer Lösung sucht.

Dies hat zu einer Neubewertung geführt: Brainstorming gilt heute als eine wichtige Kreativitätstechnik, die auch im Urteil ihrer Kritiker eine „höchst effiziente Technik zur Stimulierung des kreativen Denkens darstellt" (Robert Weisberg). Sie führt auch zu brauchbaren Ergebnissen, wie sich belegen lässt. Allerdings ist sie kein kreatives Allheilmittel.

> Am sinnvollsten lässt sich Brainstorming in Kombination mit kreativer Einzelarbeit einsetzen.

Varianten

Stop-and-go-Brainstorming

Auch „progressives Brainstorming". Hierbei wechseln sich mehrere kurze Phasen der Ideenproduktion (5–10 Minuten) mit ebenso kurzen Phasen der Bewertung ab.

Destruktiv-Konstruktiv-Brainstorming

Eine interessante Variante, die bei General Electric entwickelt worden sein soll. Dabei gibt es zwei Phasen der Ideenfindung:

1 Zunächst sollen möglichst viele negative Ideen geäußert werden, Dinge, die eine Lösung verhindern.

2 Im zweiten Schritt erst dürfen die Teilnehmer konstruktive Vorschläge äußern. Auf diese Weise sollen die Ideen reicher und origineller werden.

Einzel-Brainstorming

Für den Ideenwirbel brauchen Sie nicht unbedingt eine Gruppe. Es geht auch allein. Der Ablauf ist derselbe. Solange Sie Ideen produzieren, dürfen Sie sich nicht selbst bewerten. Danach müssen Sie Ihren „wilde Ideen" mit kritischem Verstand zu Leibe rücken.

Ein Verfahren, das ein wenig Selbstüberlistung erfordert, aber mit etwas Übung doch funktioniert. Es ist ratsam, die Bewertungsphase nicht gleich anzuschließen, sondern damit ein, zwei Tage zu warten.

Sandwich-Brainstorming

Hierbei wechseln Phasen der kollektiven und der individuellen
Ideenproduktion einander ab.

Brainwriting

Brainwriting funktioniert wie → Brainstorming, allerdings
werden alle Einfälle schriftlich festgehalten. Es gibt zwei
sehr unterschiedliche Varianten:

– die bekanntere, die **Methode 635** hat viel Tempo, setzt auf
  die kreativitätsfördernde Wirkung von kurzzeitigem Stress
  und auf die Originalität spontaner Antworten;

– die **Collective-Notebook-Method**e ist langwieriger, aber
  auch gründlicher sowie zeitlich und räumlich flexibler.

Was leistet Brainwriting?

Beim Brainwriting produzieren Sie in der Regel noch mehr
Ideen als beim Brainstorming. Als weitere Vorteile gelten:

■ Gruppendynamische Prozesse spielen kaum eine Rolle,

■ die Zahl der Teilnehmer ist theoretisch unbegrenzt,

■ Sie benötigen keinen Moderator, der manchmal kreative
  Ideen eher verhindert, als dass er sie voranbringt.

Für welche Fälle ist es besonders geeignet?

■ einfache, klar strukturierte Fragen (Methode 635) / auch
  komplexere Probleme (Collective-Notebook)

- Textaufgaben, d.h. wenn Titel, Namen oder Headlines gesucht werden

- wenn Teilnehmer schwer verfügbar sind (Collective-Notebook)

- wenn es Kommunikationsprobleme in der Gruppe gibt oder kein Moderator zu Verfügung steht

Wofür ist es weniger geeignet?

- komplexe Fragen (Methode 635)

- wenn einzelne Teilnehmer ein deutlich höheres Fachwissen haben

- wenn die Zahl der Lösungen von vornherein stark eingeschränkt ist

Was benötigen Sie für Brainwriting?

- eine Gruppe, im Idealfall mit sechs Teilnehmern (Methode 635), theoretisch ist die Anzahl variabel

- Schreibzeug und Papier (im Idealfall vorbereitete Formulare)

Wie läuft das Brainwriting ab?

Methode 635

Jeder Teilnehmer bekommt ein Blatt ausgehändigt, auf dem die Fragestellung vorformuliert ist. In den kommenden fünf Minuten listet er drei Lösungsvorschläge auf, reicht das Blatt an seinen Nachbarn weiter und bekommt seinerseits ein Blatt, auf dem bereits drei Vorschläge notiert sind. Idealerweise lässt er sich von den drei Vorschlägen anregen, schreibt in den nächsten fünf Minuten drei neue Ideen hinzu und gibt das Blatt weiter.

Die Sitzung ist beendet, wenn jeder Teilnehmer jedes Blatt gehabt hat. Bei der Idealzahl von sechs Teilnehmern also nach einer guten halben Stunde. In dieser Zeit sind $6 \times 3 \times 6 = 108$ Vorschläge entstanden. Die Auswertung verläuft wie beim → Brainstorming.

Collective-Notebook-Methode

Jeder Teilnehmer erhält ein Notizbuch mit der Problemstellung. Innerhalb einer vorher festgelegten Frist (zum Beispiel eines Tages) analysiert er das Problem und macht Lösungsvorschläge. Die Notizbücher können auch ausgetauscht werden, neue Vorschläge hinzugeschrieben werden. Dies müssen Sie aber vorher genau festlegen.

Nach einer bestimmten Zeit werden die Notizbücher eingesammelt und ausgewertet. Die Auswertung erfordert relativ viel Zeit. Grundsätzlich sind mehrere Möglichkeiten denkbar: Entweder bewerten die Teilnehmer selbst ihre Ideen, oder nur eine begrenzte Anzahl von ihnen bildet die Jury oder aber eine unbeteiligte Instanz.

„Kreativer Stress" oder Selbstdisziplin?

Methode 635

Die Methode 635 setzt die Teilnehmer gehörig unter Druck. Innerhalb kürzester Zeit eine Vielzahl von Ideen zu produzieren, das wird von einigen als Blockade empfunden.

Andere erleben diese Art von Stress als sehr positiv. Man ist gezwungen, sich zu konzentrieren, kann sich nicht in der Gruppe verstecken oder Vorschläge zerreden, was manchmal beim → Brainstorming geschieht. Hier hingegen kommen nicht nur mehr Ideen zusammen, sondern das Verfahren nötigt die Teilnehmer, gedanklich neue Wege einzuschlagen. Und zwar immer wieder. Auf diese Weise lassen sich erstaunliche Entdeckungen machen. Angenehmer Nebeneffekt: Viele sind erstaunt, wie produktiv sie sein können.

Wie gut Sie oder Ihre Mitarbeiter unter „kreativem Stress" arbeiten, sollten Sie zunächst in einem kleinen Rahmen ausprobieren. Nicht jedem bekommt nämlich der „kreative Stress" – was nichts mit seiner Kreativität zu tun hat.

> Auch wenn Sie mit der Methode 635 gut zurechtkommen, sollten Sie diese Technik nur wohl dosiert einsetzen.

Collective-Notebook

Gegenüber der Methode 635 besitzt die Collective-Notebook-Methode drei wesentliche Vorzüge:

- Es können auch Mitarbeiter teilnehmen, die schwer verfügbar oder zeitlich stark beansprucht sind.

- Sie können die Fragestellung gründlicher durchdringen, da Ihnen wesentlich mehr Zeit zu Verfügung steht.

- Es können auch Ideen mit einfließen, die Ihnen dann einfallen, wenn Sie sich nicht bewusst mit dem Problem beschäftigen.

Das bedeutet allerdings keineswegs, dass diese Methode in jedem Fall wirksamer ist. Sie funktioniert nur unter einer Voraussetzung, die gar nicht so selbstverständlich ist, wie sie vielleicht klingt: Alle Teilnehmer müssen so viel Selbstdisziplin aufbringen, ihre „kreativen Notizbücher" auch zu führen.

Mindmapping

Mindmapping ist schnell zu erlernen, universell einsetzbar, und es kommt eigentlich immer etwas dabei heraus. Kein Wunder also, dass sich diese von Tony Buzan entwickelte Technik steigender Beliebtheit erfreut. Mindmapping schafft Übersicht und bringt Sie mit einfachen Mitteln auf neue Ideen.

Was leistet Mindmapping?

Mindmapping aktiviert Ihr bildlich-räumliches Denken und ermöglicht Ihnen eine neue Sichtweise. Indem Sie Ihr Thema im wörtlichen Sinne „abbilden", können Sie es neu strukturieren. Sie können die wesentlichen Punkte herausarbeiten, neue Verbindungen herstellen und Nebenaspekte beleuchten. Da Mindmaps eine offene Struktur haben, können sie später ergänzt werden.

Für welche Bereiche ist es besonders geeignet?

- Problemanalyse
- Planung und Strategie
- Überblick über komplexe Themen
- Vorbereitung von Referaten, Reden, Aufsätzen

Wo liegen seine Schwächen?

- komplexe Sachverhalte werden stark verkürzt
- „Mindmapper" erliegen leicht der Illusion, ein Problem zu überblicken, auch wenn das nicht der Fall ist
- Bilder können suggestiv wirken, Ihr Denken in die falsche Richtung lenken

Was benötigen Sie für Mindmapping?

- einen großen Bogen Papier (mindestens DIN-A4)
- Stifte, möglichst in verschiedenen Farben

Dauer: etwa 20-30 Minuten

Mindmaps eignen sich sehr gut als Erinnerungsstütze: Wenn Sie später ein Thema wieder aufgreifen, haben Sie schnell Ihre Orientierung gefunden.

Wie erstellen Sie Ihre erste Mindmap?

Sie beginnen in der Mitte des Blattes. Dorthin schreiben Sie den zentralen Begriff, um den es geht, oder besser noch: Sie malen Ihr Thema. Auch und gerade wenn es um ein abstraktes

Thema geht, sollten Sie unbedingt versuchen, ein Bild dafür zu finden.

Beispiel:

 Wenn Sie eine Mindmap über Kreativität erstellen wollen, zeichnen Sie etwas, was für Sie diesen Begriff am besten zum Ausdruck bringt: vielleicht einen Ideenblitz, eine leuchtende Glühbirne, einen Schlüssel, das Ei des Kolumbus oder irgendetwas, was Sie mit Kreativität verbinden.

Ausgehend von diesem zentralen Bild oder Begriff lassen Sie mehrere Linien abzweigen, auf jede Linie schreiben Sie einen Begriff, den Sie aus Ihrem Thema ableiten. Überlegen Sie nicht lange, sondern schreiben Sie einfach auf, was Ihnen in den Sinn kommt.

Nehmen wir als Beispiel das Thema Kreativität. Hier können Sie etwa Begriffe wie Innovationen, Kreativitätstechniken, Persönlichkeit, Rahmenbedingungen und kreativer Prozess unterbringen. Ausgehend von diesen Begriffen fallen Ihnen dann wieder andere ein, die Sie auf neue Linien schreiben. Sie erkennen Zusammenhänge, Ihnen fallen vielleicht auch etwas abseitige Aspekte ein usw. So füllt sich nach und nach Ihr Blatt. Probieren Sie es einfach einmal. Ihre erste Mindmap ist dann fertig, wenn Sie das Gefühl haben, Ihnen fällt nichts mehr ein, oder Sie haben das Wichtigste notiert.

Wie eine Mini-Mindmap zum Thema Kreativität aussehen könnte, zeigt folgende Grafik.

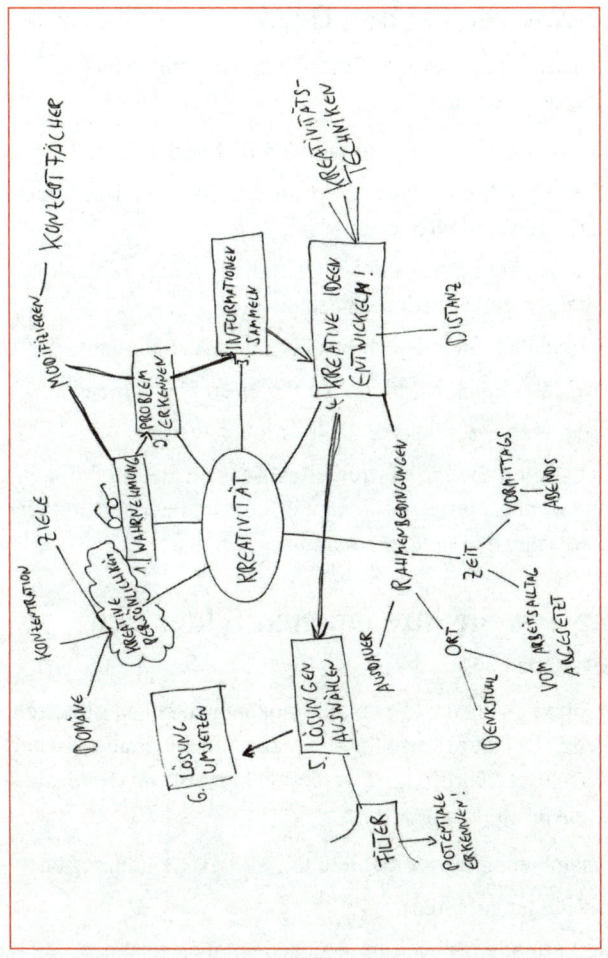

Stichwörter für den Geist

Tony Buzan hat für die Gestaltung der Mindmaps sieben Grundregeln formuliert:

1   Beginnen Sie mit einem farbigen Bild in der Mitte.

2   Schreiben Sie alle Wörter in Großbuchstaben. Das fördert die Übersichtlichkeit.

3   Die Wörter sollen auf Linien stehen. Jede Linie soll mit anderen Linien verbunden sein.

4   Verwenden Sie möglich nur ein Stichwort pro Linie.

5   Wo es möglich ist, fügen Sie Bilder und Symbole ein.

6   Benutzen Sie möglichst viele Farben.

7   Ignorieren Sie Ihr kontrolliertes Denken. Halten Sie möglichst alles fest, was Ihnen im Zusammenhang mit der Zentralidee in den Sinn kommt.

Schaffen Sie Ihre eigenen Bilder und Symbole

Es empfiehlt sich, die Mindmaps ganz individuell zu gestalten. Auf jeden Fall ist es vorteilhaft, die Zusammenhänge zwischen den Schlüsselbegriffen zu verdeutlichen. Bewährte Gestaltungsmittel sind zum Beispiel:

- zusammenhängende Gebiete mit einer Linie umgrenzen

- mit Pfeilen arbeiten

- die Verbindungslinien unterschiedlich dick zeichnen

- Farben nach ihrer Bedeutung einsetzen. Zum Beispiel alle „verrückten Ideen" in Gelb, Personen in Blau, Ziele in Grün, Gefahren in Rot

- Begriffe mit geometrischen Figuren begrenzen: Kreise, Quadrate, Ellipsen, Dreiecke. Diesen Figuren können Sie bestimmte Inhalte zuweisen. Zum Beispiel: Aufgaben im Quadrat, Wünsche in der Ellipse, Ziele im Dreieck

- feste Zeichen und Symbole einsetzen, wie Plus-, Minus-, Ausrufezeichen, Fragezeichen, Sternchen oder Kreuze

Am sinnvollsten ist es, wenn Sie Ihr eigenes Repertoire festlegen. Denn je nachdem, ob Sie einen Vortrag über die Marktchancen neuer Dämmstoffe entwerfen, Ihre Abteilung umstrukturieren oder eine Gartenparty vorbereiten wollen, spielen andere Beziehungen zwischen den verschiedenen Schlüsselbegriffen eine Rolle.

Wie Sie Korrekturen einfügen

Gerade am Anfang gelingt kaum eine Mindmap auf Anhieb. Überkleben Sie die Flächen, die Sie neu gestalten möchten, verwenden Sie Korrekturflüssigkeit oder gestalten Sie Ihre Mindmap neu.

Korrekturen sind nicht nur möglich, sondern geradezu erwünscht. Sie sind ein Hinweis darauf, dass Sie Ihr Thema umstrukturiert haben und auf dem Weg sind, einen besseren „Durchblick" zu bekommen.

Wie können Sie Ihre Mindmaps nutzen?

Es ist durchaus sinnvoll, bereits eine Mindmap zu erstellen, wenn Sie gerade anfangen, sich mit Ihrem Thema zu beschäftigen.

- Schreiben Sie sich den Kopf leer; oft werden Sie überrascht sein, wie viel Sie bereits wissen, wenn Sie glauben, noch gar nichts zu wissen.

- Im Laufe Ihrer Beschäftigung mit dem Thema sollten Sie Ihre Mindmap kontinuierlich ergänzen.

- Wenn Sie das Gefühl haben, es wird zu unübersichtlich, sollten Sie eine neue anfertigen. Denn eine aktuelle Mindmap lässt sich am besten nutzen.

- Die fertige Mindmap sollten Sie sich genau anschauen, vielleicht mit anderen darüber sprechen: Ergeben sich neue Zusammenhänge, möchten Sie bestimmte Prioritäten setzen, Aufgaben ableiten?

Manchmal werden Sie schon beim Erstellen der Mindmap zu neuen Ideen angeregt. Da Sie gezwungen sind, Ihre Vorstellungen in Schlüsselbegriffen zusammenzufassen, müssen Sie verknappen. Ihr Blick für das Wesentliche wird dadurch geschärft.

Vorsicht vor Mindmapperitis!

Mindmapping ist oft eine sehr wirksame Hilfe. Auch wenn Sie – wie die meisten – gewisse Anlaufschwierigkeiten haben, sollten Sie diese zunächst etwas ungewohnte Technik weiter üben. Haben Sie erst eine gewisse Routine entwickelt, werden Sie Mindmapping schnell und effektiv einsetzen können.

Allerdings sollten Sie sich nicht ausschließlich auf Mindmapping verlassen. Gerade weil diese Technik so attraktiv ist, verfallen manche einer wahren „Mindmapperitis" und glauben ihr Problem schon halb gelöst, wenn sie eine Mindmap malen. Machen Sie sich die Grenzen dieser Technik bewusst. Nur dann können Sie Mindmapping wirklich effektiv einsetzen.

Mindmaps ...

- ... sind höchst individuell. Ihre eigentliche Bedeutung entfalten sie nur für den, der sie angefertigt hat.
  Vorsicht vor fremden Mindmaps! Lassen Sie sich ihre Bedeutung immer ganz genau erklären.

- ... sind ein Abbild Ihres Denkens. Sie können Sie zu neuen Ideen anregen, aber Ihre Gedanken nicht ersetzen.
  Ihre kreativen Ideen müssen Sie selber zünden!

- ... arbeiten mit extremer Verkürzung. Komplexe Sachverhalte werden auf einen Schlüsselbegriff reduziert.
  Klären Sie bei jedem Schlüsselbegriff, ob sich hier nicht ein Problem versteckt.

- ... können Ordnung auch dort vortäuschen, wo gar keine vorhanden ist.
  Prüfen Sie, wie gut Sie die Bedeutung der Pfeile und Linien „übersetzen"können.

Hinweis: Weitere Informationen zu dieser Methode, größere inhaltliche Zusammenhänge auf einen Blick zu erfassen, erhalten Sie im TaschenGuide „Mind Mapping".

Variante: Ideenkärtchen

Gerade wenn Sie sich noch nicht sicher sind, wie Ihr Problemfeld strukturiert ist, kann es ratsam sein, die Schlüsselbegriffe auf Karteikärtchen oder Haftnotizen zu schreiben. Diese Ideenkärtchen können Sie verschieben, wegnehmen, hinzufügen und in immer neuen Kombinationen zusammenstellen. Sie haben zwar weniger Gestaltungsmöglichkeiten, sind aber wesentlich flexibler als mit der aufgezeichneten Mindmap. Allerdings ist das Ergebnis äußerst flüchtig, wenn Sie es nicht in eine Mindmap übertragen.

Bisoziation

Wodurch kommen kreative Leistungen zustande? Durch das Prinzip der Bisoziation, glaubte der Schriftsteller und Philosoph Arthur Koestler. Dabei werden zwei, vorher unverbundene „Denk-Dimensionen" zusammengebracht. Klassisches Beispiel: Johannes Gutenberg erfindet die Druckpresse mit den beweglichen Lettern, als er Merkmale der Weinpresse mit denen des Münzprägestempels verbindet.

Was leistet Bisoziation?

Bisoziation ist sehr vielseitig. Wie effektiv sie ist, hängt allerdings sehr stark von der Wahl der beiden „Denk-Dimensionen" ab, die Sie zusammenbringen.

Das Prinzip der Bisoziation liegt auch einigen anderen Kreativitätstechniken zugrunde, beispielsweise der → Reizwort-

Analyse, der → Synektik und der → mentalen Provokation. Dort allerdings wird Ihnen die Wahl der zweiten „Denk-Dimension" gewissermaßen abgenommen.

Für welche Bereiche ist sie besonders geeignet?

- gut strukturierte Fragen
- technische Probleme, Erfindungen
- künstlerischer Bereich

Wo liegen ihre Schwächen?

- Kann sehr langwierig sein.
- Sie sollten vorher wissen, wo Sie suchen müssen.
- Auf jede brauchbare Analogie kommen hundert, die in die Irre führen. Daher jede einzelne sorgfältig prüfen!

Was benötigen Sie für Bisoziation?

- Je nach Fragestellung mehr oder weniger
  - Phantasie
  - Beobachtungsgabe
  - Zeit
  - fachliche Kompetenz
  - strukturelle Intelligenz
  - Neugier
  - Glück

Dauer: Kann sehr zeitaufwendig sein, daher empfiehlt sich für die Durchführung in einer Gruppensitzung eine zeitliche Begrenzung von z. B. zwei oder vier Stunden.

> Bisoziation ist eine äußerst elastische Denktechnik, die Sie auf jede Fragestellung anwenden können.

Wie gehen Sie vor?

Wie können Sie nun die richtige Bisoziation finden? Bei der Suche nach der Lösung durchlaufen Sie vier Phasen:

Die vier Phasen der Bisoziation
1. Problemdefinition
2. Aufspüren der zweiten „Denk-Dimension"
3. Erkennen von Analogien
4. Übertragung der Lösung (Transfer)

1 Das Problem definieren

Definieren Sie zunächst klipp und klar Ihr Problem.

Beispiel:

Sie wissen nicht, wie Sie neue Kunden akquirieren sollen.

Sie möchten ein Fahrrad konstruieren, das in jeden Kofferraum passt.

Sie müssen eine Werbeanzeige für Hundefutter texten.

Fragen Sie sich: Worum geht es eigentlich? Versuchen Sie, Ihr Problem von möglichst vielen Seiten einzukreisen. In vielen Fällen ist es hilfreich, wenn Sie eine Liste erstellen, welche Anforderungen Ihre Lösung erfüllen muss.

2 Den Einstieg finden in der zweiten „Denk-Dimension"

Jetzt fängt Ihre eigentliche kreative Leistung an: Sie müssen die zweite „Denk-Dimension" aufspüren, die geeignet ist, Ihr Problem zu lösen. Dazu brauchen Sie einen Einstieg. Überlegen Sie: Was ist so ähnlich wie das, was Sie erreichen möchten? In welchem Bereich funktioniert das, was bei Ihnen nicht klappt?

Wie weit Sie sich von Ihrem Ausgangspunkt entfernen, ist für die Lösung unerheblich. Ob Sie sich bei der Entwicklung des Fahrrads für den Kofferraum von Spinnenbeinen, chinesischen Schriftzeichen oder Klappstühlen anregen lassen, spielt keine Rolle – wenn die Sache nur funktioniert.

3 Analogien erkennen

Nun kommt das Wichtigste: Seien Sie aufmerksam, suchen Sie nach Analogien, gemeinsamen Prinzipien. Fragen Sie nach Gesetzmäßigkeiten und prüfen Sie, ob sich diese in Ihren Bereich übertragen ließen.

Sie müssen in dem „fremden Bereich" keineswegs zum Experten werden, ja, meist wäre das sogar nachteilig. Ein Flugzeugkonstrukteur, der die Flügel eines Schmetterlings untersucht, sollte nicht zum Insektenforscher werden.

Auch nahe liegende Bereiche berücksichtigen

Nicht immer ist die abgelegenste auch die beste Lösung: So müssen Sie, wenn Sie neue Kunden akquirieren wollen, nicht unbedingt das Balzverhalten der Beutelratte studieren. Vielleicht kommt Ihnen bereits eine gute Idee, wenn Sie sich in einer anderen Branche umschauen.

Das klingt relativ nahe liegend und wenig kreativ, doch in vielen Fällen kommen auf diese Weise nicht nur gute, sondern auch kreative Ideen zustande, denn der entscheidende Schritt steht Ihnen noch bevor: die Lösung in Ihren Bereich zu übertragen.

4 Der Transfer

Es genügt nicht, eine gute Idee aus einem anderen Bereich einfach zu übernehmen. Sie muss in dem neuen Bereich auch „funktionieren". Und dazu muss sie in der Regel noch verändert werden. Ein Flugzeug fliegt eben nicht genauso wie ein Schmetterling, und ein Autohaus spricht seine Kunden anders an als ein Pizzabringdienst, auch wenn es sich Anregungen von dort holen kann. Erst wenn Sie die Idee Ihrer Routine angepasst haben, zeigt sich, ob sie wirklich brauchbar, also kreativ ist.

Variante: Bionik

Ein Bereich, in dem viele Erfinder und Konstrukteure fündig werden, ist die Natur: Die meist eher lästigen Kletten haben das Modell abgegeben für den Klettverschluss. Die Hautoberfläche von Pinguinen inspirierte Konstrukteure, die Fortbewegung von U-Booten zu verbessern. Diese Übertragung von Modellen aus der Natur in den Bereich der Technik heißt „Bionik" und gilt als außerordentlich leistungsfähige Methode für kreative Lösungen.

Synektik

Ein Klassiker unter den Kreativitätstechniken, der Anfang der 60er Jahre von dem Amerikaner William Gordon als Gruppentechnik entwickelt wurde, ist die Synektik. Diese recht anspruchsvolle Verfremdungsmethode wird von zahlreichen namhaften Unternehmen eingesetzt. Sie lässt sich, leicht abgewandelt, auch von Einzelpersonen nutzen.

Synektik arbeitet nach dem gleichen Prinzip wie die → Bisoziation. In einem entscheidenden Punkt weicht sie jedoch von dieser Technik ab: Bei der Synektik suchen Sie nicht in irgendeinem selbst gewählten fremden Bereich nach Anregungen für die Lösung Ihres Problems, sondern Sie entfernen sich über drei bis vier Verfremdungsschritte immer stärker von Ihrem Problem.

Was leistet Synektik?

Synektik sorgt dafür, dass Sie Ihren Problemkreis gedanklich weit verlassen. Dadurch ermöglicht diese Technik, dass Sie unvoreingenommen, ohne Scheu oder Betriebsblindheit an Ihr Problem herangehen – und es lösen.

Für welche Bereiche ist sie besonders geeignet?

- harte Nüsse
- neue Produkte (Techniker, Ingenieure, Konstrukteure)
- wenn versierte Problemlöser am Werk sind

Wo liegen ihre Schwächen?

- für Anfänger grundsätzlich ungeeignet

Was benötigen Sie für eine Synektik-Sitzung?

- eine Gruppe mit vier bis acht Teilnehmern
- einen Moderator
- einen Protokollanten (kann notfalls auch der Moderator übernehmen)
- Tafel, Flipchart zum Aufzeichnen der Vorschläge

Dauer: ein halber bis ein Tag

> Die Technik der Synektik ist recht aufwendig und stellt nicht nur hohe Ansprüche an die Teilnehmer, sondern auch an den Moderator.

Wie läuft eine Synektik-Sitzung ab?

Natürlich können Sie fast beliebig von diesem Muster abweichen, einzelne Elemente auswählen, andere weglassen, doch eine klassische Sitzung besteht aus zehn Schritten:

Die zehn Schritte der Synektik-Sitzung
⬇ 1. Das Problem wird formuliert
⬇ 2. Brainstorming
⬇ 3. Formulieren Sie das Problem neu
⬇ 4. Bilden Sie eine „direkte Analogie"
⬇ 5. Bilden Sie eine „persönliche Analogie"
⬇ 6. Bilden Sie eine „symbolische Analogie"
⬇ 7. Bilden Sie eine zweite direkte Analogie
⬇ 8. Analysieren Sie die Analogie(n)
⬇ 9. Force-Fit
10. Formulieren Sie Lösungsansätze

1 Das Problem wird formuliert

(Dauer 15–30 Minuten) Der Moderator informiert die Teilnehmer über den Ablauf der Sitzung und legt das Problem dar. Er klärt Verständnisfragen. Alle nötigen Informationen müssen jetzt auf den Tisch. Wenn also ein Teilnehmer weitere Informationen hat, sollte er sie der Gruppe mitteilen.

2 Brainstorming

(Dauer 10 Minuten) In einem kurzen → Brainstorming werden
die spontanen Lösungsvorschläge gesammelt. Der Grund: Die
Teilnehmer sollen unbelastet in den eigentlichen Synektik-
Prozess einsteigen. Die Ideen werden erfasst, zum Beispiel auf
dem Flipchart, aber noch nicht ausgewertet.

3 Formulieren Sie das Problem neu

(Dauer 5–10 Min.) Ergeben sich durch das Brainstorming neue
Gesichtspunkte, kann es sinnvoll sein, das Problem umzufor-
mulieren. Hintergrund: Alle Teilnehmer sollen von der gleichen Fragestellung ausgehen. Ob das nötig ist, entscheidet
der Moderator.

4 Bilden Sie eine „direkte Analogie"

(Dauer 20 Min.) Die Teilnehmer suchen eine Entsprechung für
die Lösung des Problems in einem anderen Bereich. Im Grunde
tun Sie nichts anderes, als eine → Bisoziation herzustellen. In
der Regel gibt der Moderator den Bereich vor – und in neun
von zehn Fällen ist dieser Bereich die Natur (andere Bereiche
wären Technik, Geschichte, Wirtschaft, Gesellschaft, Kunst,
Sport oder Musik). Die Natur ist so beliebt, weil fast jedes
Problem auf dieses Gebiet projiziert werden kann.

Die Teilnehmer suchen also Antworten auf die Frage: Wie löst
die Natur unser Problem? Die Antworten werden gesammelt;
am Ende wählt die Gruppe eine Antwort aus.

5 Bilden Sie eine „persönliche Analogie"

(Dauer 20 Min.) Die Antwort, für die sich die Gruppe ent-
schieden hat, ist der Ausgangspunkt für die „persönliche
Analogie". Die Teilnehmer versuchen sich in den Gegenstand
hineinzuversetzen. Sie stellen sich die Frage: „Wie fühle ich
mich/verhalte ich mich als ...?"

Wieder wählt die Gruppe einen Vorschlag aus.

6 Bilden Sie eine „symbolische Analogie"

(Dauer 10 Min.) Ausgehend vom Vorschlag aus Schritt 5
suchen die Teilnehmer nach ungewöhnlichen Vergleichen mit
Formen, Bildern oder Klängen (auch Musikstücke). Es geht um
die „Verdichtung des Gefühls". Deshalb regt Gordon gleich-
falls an, widersprüchliche Vergleiche und Paradoxa wie „ra-
sende Langsamkeit" zu bilden. Auch hier entscheidet sich die
Gruppe am Ende für eine Lösung.

7 Bilden Sie eine zweite direkte Analogie

(Dauer 20 Min.) Die Lösung ist denkbar weit von der Ur-
sprungsfrage entfernt. Jetzt wird sie noch einmal auf einen
bestimmten Bereich projiziert. Wurde im vierten Schritt der
Bereich Natur ausgewählt, so kommt nun meist die Technik
zum Einsatz. Die Teilnehmer stellen sich also die Frage: Auf
welche technischen Geräte oder Verfahren könnte unsere
Antwort von Schritt sechs zutreffen? Je nach Bedarf werden
eine bis drei Lösungen ausgewählt.

8 Analysieren Sie die Analogie(n)

(Dauer 20 Min.) Die Teilnehmer listen die Merkmale und Funktionsprinzipien der ausgewählten Analogie(n) auf. Was zeichnet die gefundenen Geräte oder Verfahren aus?

9 Force–Fit

(Dauer 30 Min.) Die entscheidende Phase: Die Merkmalsliste wird auf die Ausgangsfrage zurückbezogen. Was bedeuten diese Merkmale in Hinblick auf unser Problem?

Nachdem sie sich in vier Schritten so weit wie möglich von ihrer Ausgangsfrage wegbewegt haben, müssen die Teilnehmer nun mit einem Riesensatz zurückspringen und brauchbare Ideen finden. Sie müssen sich auf eine Lösung verständigen, wie immer sie aussieht, denn dieser Schritt heißt nicht ohne Grund „Force-Fit" oder „erzwungene Einigung".

Beispiel: Synektiksitzung „Schutzhelme"

1. Schritt: Problemdefinition

Wie können wir dafür sorgen, dass unsere Mitarbeiter eine technische Anlage nur mit Schutzhelm betreten?

2. Schritt: Brainstorming

Warnschilder, Androhen von Geldstrafe, Kameraüberwachung

3. Schritt: Umformulieren der Fragestellung

Keine Änderung

4. Schritt: Direkte Analogien

Drohgebärde des Gorillas soll Angreifer abschrecken; Murmeltier pfeift; Pinguin stupst Junges ins Wasser, um es vertraut zu machen (ausgewählt).

5. Schritt: Persönliche Analogie

Wie fühle ich mich als Pinguinküken, das ins Wasser gestoßen wird? Habe Angst vor dem Ungewissen; Warum macht die Mutter das mit mir?; Wird schon schief gehen!; Jetzt gibt es kein Entkommen mehr! (ausgewählt)

6. Schritt: Symbolische Analogien/Paradoxa

Ausweglose Flucht; gewaltsame Bestimmung; fürsorgliche Gefangenschaft (ausgewählt).

7. Schritt: Zweite direkte Analogie (Technik)

Babylaufstall; Hundeleine (ausgewählt); Sicherheitsgurt (ausgewählt); Verkehrsampel (ausgewählt).

8. Schritt: Analyse

Hundeleine = feste Verbindung zwischen Herr und Hund; Sicherheitsgurt = Wagen startet erst, wenn Schloss einrastet; Verkehrsampel = Signale durch Farben.

9. Schritt: Force-Fit

Hundeleine = Helm mit Kette am Arbeitsanzug befestigen; Sicherheitsgurt = Sender im Helm, der Sperre zur Anlage öffnet; Ampel = Signaltafel: grüner Kopf mit Helm, roter Kopf ohne Helm

10. Schritt: Lösungsansätze

Alle drei Vorschläge sollen ausgearbeitet werden.

Aus: Hentze/Müller/Schlicksupp: Praxis der Managementtechniken

Dieser Zwang zu kreativen Ideen ist sicher nicht ganz unproblematisch. Aber ohne „Force-Fit" würde die synektische Sitzung einfach nicht funktionieren. Ohne Force-Fit würde sich die kreative Denkfalle öffnen: Die Teilnehmer produzieren die waghalsigsten Ideen, die Sie nie in die Praxis umzusetzen vermögen.

Dieser 9. Schritt verlangt von den Teilnehmern und vom Moderator ein Höchstmaß an Phantasie und Konzentration. Es ist daher zu empfehlen, vor dem 9. Schritt eine Pause einzulegen.

10 Formulieren Sie Lösungsansätze

(Dauer 20 Min.) Ausgehend von den Ideen, die im 9. Schritt entwickelt worden sind, formuliert die Gruppe ihre Lösungsansätze. Auf die Anzahl kommt es nicht an, entscheidend ist, ob die Teilnehmer Ideen entwickelt haben, die weiter ausgearbeitet werden können. Denn dies ist das Ziel der synektischen Sitzung.

Tipps für Ihre synektische Sitzung

- Wählen Sie Ihren Moderator sorgfältig aus. Ein guter Moderator ist zwar keine Garantie für kreative Ideen, aber ein schlechter wird sie fast immer verhindern.

- Werfen Sie die Teilnehmer nicht ins „kalte Wasser". Häufig lässt sich abschätzen, wie gut Sie mit dieser Technik zurechtkommen, wenn Sie ein „Pilotprojekt" zu einem kleinen Thema durchführen.

- Sorgen Sie für eine entspannte Atmosphäre. Die besten Ergebnisse lassen sich erzielen, wenn die Teilnehmer möglichst spielerisch an das Thema herangehen – trotz Force-Fit.

- Wenn Sie das Gefühl haben, dass die Gruppe mit der Technik gut zurechtkommt, aber (noch) keine befriedigenden Ergebnisse produziert, sollten Sie ihr Zeit geben.

- Sprechen Sie nach einer Sitzung mit den Teilnehmern. Wie gut sind sie mit den einzelnen Schritten zurechtgekommen?

Denkhüte und Denkstühle

Bestimmte Kreativitätstechniken arbeiten mit Imagination. Sie versuchen, den Anwender dazu zu bringen, sich in eine Situation oder gar in eine Person oder Rolle hineinzuversetzen: Stellen Sie sich vor, Sie sind Einstein. Wie würden Sie Ihr Problem angehen? Oder: Was würde ein zwölfjähriger Junge dazu sagen?

Solche Imaginationstechniken gelten vielfach als etwas unseriös. Zu Unrecht, denn sie sind oft erstaunlich effektiv, flexibel und werden von vielen erfolgreich eingesetzt, ohne dass jemand ein Wort darüber verliert.

Prinzipiell können Sie Ihre eigene Imaginationstechnik kreieren. Doch gibt es zwei Techniken, die es nicht bei unverbindlichen Vorgaben belassen, sondern diese Methode in eine überzeugende Form gebracht haben: die „sechs Denkhüte" von de Bono und die „drei Denkstühle" von Walt Disney.

Was leisten diese Imaginationstechniken?

Mit diesen Imaginationstechniken werden Sie in die Lage versetzt, Ihr Problem aus unterschiedlichen Perspektiven zu durchdenken. Alle wesentlichen Aspekte sollen dabei erfasst werden – und zwar wirksamer, als wenn Sie „direkt" darüber nachdächten. Durch Projektion auf bestimmte Rollen und Standpunkte können Sie spielerischer und „rücksichtsloser" vorgehen, was Ihren Ideenradius erheblich erweitert.

Wo liegen die Stärken dieser Techniken?

- ermöglicht Distanz zu Ihrem Problem
- erfasst mehrere Perspektiven
- kann bei Gruppensitzungen Spannungen lösen (Denkhüte)

Wo liegen ihre Schwächen?

- bleibt relativ nah an Ihrem gewohnten Denken; wenn Sie große „kreative Sprünge" machen möchten, sollten Sie die → Reizwort-Analyse oder → mentale Provokation vorziehen

- wirkt zunächst etwas künstlich; entfaltet ihre volle Wirksamkeit erst nach einiger Übung

Was benötigen Sie?

- Für Disneys Denkstühle:

  drei unterschiedliche Plätze, Papier, Schreibzeug

- Für de Bonos Denkhüte:

  sechs Hüte, Armbinden oder Karten in den Farben Weiß, Rot, Schwarz, Gelb, Grün und Blau

Dauer: je nach Aufgabenstellung und Größe der Gruppe zwischen 20 Minuten und zwei Stunden.

Imaginationstechniken sind nicht nur in der praktischen Durchführung sehr frei auszugestalten, sondern finden auch in vielen Bereichen und bei unterschiedlichsten Problemstellungen Anwendung. Sie können Imaginationstechniken alleine, aber auch in einer Gruppe durchführen.

Wie wenden Sie die Imaginationstechniken an?

Disneys Denkstühle

Von Walt Disney wird berichtet, er sei bei seiner Arbeit nacheinander in drei verschiedene Rollen geschlüpft: in die des Träumers, des Realisten und des Kritikers. Disney habe diese Rollen bewusst so weit wie möglich getrennt. Wechselte er die Rolle, so wechselte er auch den Platz. So soll es zunächst drei unterschiedliche Denkstühle gegeben haben, später soll Disney sogar drei verschiedene Räume für seine Denkhaltungen benutzt haben.

Diese Strategie können Sie für sich nutzen, indem Sie

- nacheinander verschiedene Denkhaltungen einnehmen,
- diese Denkhaltungen mit bestimmten Orten verknüpfen, um sie zu verankern.

Zunächst werden Sie wahrscheinlich etwas Mühe haben, in die entsprechende Denkhaltung hineinzufinden bzw. umzuschalten. Die Verbindung mit einem festen Platz erleichtert dieses Umschalten später jedoch ganz wesentlich.

> Die Verbindung von Ort und Denkhaltung ist entscheidend, auch wenn Ihnen das am Anfang vielleicht eher schwierig und künstlich erscheinen mag.

Der Stuhl des Träumers

Auf dem Stuhl des Träumers produzieren Sie die phantastischsten Einfälle. Sie spielen mit verschiedenen Möglichkeiten und vor allem Unmöglichkeiten. Sie stellen die Dinge auf den Kopf, beschäftigen sich mit abseitigen Themen, machen Späße und stellen waghalsige Verbindungen her. Sie dürfen fast alles, nur eines nicht: ernsthaft über das Problem nachdenken. Ihre Ideen und Vorstellungen können Sie, wenn Sie wollen, auf ein Blatt Papier notieren.

Der Stuhl des Realisten

Auf diesem Platz schalten Sie Ihren „Normalverstand" ein. Versuchen Sie, die verrückten Ideen des Träumers weiterzuentwickeln. Greifen Sie Anregungen auf, aber suchen Sie auch jetzt neue Lösungen. Gehen Sie planmäßig und vernünftig vor. Wählen Sie den kürzesten und zweckmäßigsten Weg. Seien Sie pragmatisch.

Der Stuhl des Kritikers

Unterziehen Sie Ihre Ideen einer schonungslosen Kritik. Prüfen Sie: Was ist dran? Lässt es sich umsetzen? Lohnt sich die Sache? Will ich sie überhaupt? Was ist überflüssig und kann gestrichen werden?

Der Wechsel der Stühle

Achten Sie darauf, dass Sie nicht zu lange auf einem bestimmten Stuhl festkleben. Wechseln Sie auch bei einer Fragestellung mehrmals die Stühle. Wenn Sie das Projekt abschließen, sollten Sie nach Möglichkeit auf dem Stuhl des Realisten sitzen.

De Bonos Denkhüte

Das Prinzip funktioniert genauso wie bei den Denkstühlen, nur gibt es anstelle von drei Positionen sechs. Die Denkhüte sind variabler, werden in der Regel schneller gewechselt als die Denkstühle, und sie eignen sich auch gut für Gruppensitzungen.

Mit den Denkhüten verhindern Sie Positionskämpfe und Konfrontationen. Denn alle Aussagen werden unter einem bestimmten Hut gemacht und nicht den Teilnehmern zugeschrieben, die ihre Position verteidigen müssen. Außerdem sind die Teilnehmer gezwungen, ihre Denkweise zu ändern.

Denkhüte in Gruppensitzungen

Die Einsatzmöglichkeiten der Hüte sind gerade im Team sehr variabel. Wichtig ist nur, dass Sie zu Beginn die Spielregeln festlegen:

- Sie können die Hüte (oder Karten bzw. Armbinden) unter den Teilnehmern verteilen. Nach Gebrauch müssen sie die

- Hüte reihum weiterreichen. Dann sollte jeder nach Möglichkeit einmal im Besitz jeder Farbe gewesen sein.

- Sie können die Reihenfolge festlegen, in der die Hüte aufgesetzt werden sollen.

- Sie können auch der gesamten Gruppe einen bestimmten Hut verordnen.

- Sie können auch jedem, der sich zu Wort meldet, freistellen, welchen Denkhut er aufsetzen möchte.

> Entscheidend ist: Jeder Hut hat eine Bedeutung, und wer immer ihn trägt, muss versuchen, in seinem Beitrag bzw. mit seiner Idee von dieser Bedeutung auszugehen.

Der weiße Hut

Er steht für das weiße Blatt Papier. Es geht um Informationen und Tatsachen. Welche Informationen haben Sie? Welche brauchen Sie? Wie sind sie zu beschaffen? Parteinahme oder Wertung ist nicht erlaubt, der weiße Hut ist neutral.

Der rote Hut

Er steht für Feuer und Wärme. Es geht um Gefühle und Intuition. Äußern Sie sich, wie Ihnen bei einer bestimmten Idee zumute ist. Was spüren Sie dabei? Gründe geben Sie keine an.

Der schwarze Hut

Er steht für Kritik und Bedenken. Es geht darum, Fehler zu vermeiden, aufzupassen und eine kritische Stellungnahme abzugeben. Der Träger des schwarzen Hutes mahnt zur Vorsicht, er bremst allzu hochfliegende Pläne.

Der gelbe Hut

Er steht für Sonnenschein. Es geht um eine optimistische Haltung. Unter dem gelben Hut sehen Sie die Vorteile des Projekts. Sie überlegen, wie es sich durchführen lässt und welche Verbesserungsmöglichkeiten es gibt.

Der grüne Hut

Er steht für Vegetation und Wachstum. Es geht um neue Ideen, Originalität und weitere Alternativen. Unter dem grünen Hut sollen Sie schöpferisch sein. Sie bemühen sich, neue Gesichtspunkte in die Debatte zu bringen. Der grüne Hut ist der eigentlich kreative Hut.

Der blaue Hut

Er steht für den Himmel und die Vogelperspektive. Es geht um eine übergeordnete Sichtweise und Objektivität. Der Träger des blauen Hutes sorgt für Orientierung, setzt Prioritäten, legt die Themen fest, über die diskutiert wird, kann andere Hüte aufrufen, fasst zusammen, kontrolliert die Methoden und Verfahren. Im Grunde leitet er die Sitzung.

Der Wechsel der Hüte

Wie Sie den Hutwechsel organisieren, müssen Sie vorher festlegen. Achten Sie darauf, dass der schwarze Hut nicht zu früh dominiert. Es ist durchaus sinnvoll, die Hutwechsel-Methode in eine konventionell geführte Diskussion zu integrieren.

Osborn-Checkliste

Der Erfinder des → Brainstormings, Alex Osborn, hat eine Reihe weiterer Kreativitätstechniken entwickelt. Eine der bekanntesten ist seine Checkliste, mit der Sie aus bereits vorhandenen Ideen neue Lösungen kreieren können.

Was leistet die Osborn-Checkliste?

Wenn Sie für Ihr Problem nur konventionelle oder unbefriedigende Lösungen gefunden haben, gibt Ihnen die Checkliste Anhaltspunkte, wo Sie etwas verändern müssen, um zu einer kreativen Idee zu kommen.

Für welche Fälle ist sie besonders geeignet?

- wenn Ideen/Produkte bereits vorliegen
- als Nachbearbeitung einer Brainstorming-Sitzung
- für originelle Produktideen

Wofür ist sie weniger geeignet?

- wenn Sie am Anfang eines Projektes stehen
- Texte, Verfahren
- wenn Originalität nicht gefragt ist

Was benötigen Sie für diese Technik?

- eine Idee oder ein Produkt, das Sie verbessern möchten
- die vorliegende Checkliste

Dauer: etwa 60 Minuten; kann unterbrochen werden.

> Mit der Osborn-Checkliste lassen sich aus schwachen Ideen oder altbekannten Produkten noch kreative Funken schlagen.

Wie arbeiten Sie mit der Checkliste?

Für jede Idee, jedes Produkt sollten Sie die Checkliste komplett durchgehen. Nehmen Sie sich genügend Zeit für jeden einzelnen Punkt. Entwickeln Sie für jeden Punkt mindestens eine Idee.

1   Anders verwenden! – Gibt es eine andere Gebrauchsmöglichkeit dafür? Können Sie die Idee woanders einsetzen?

2   Anpassen! – Was ähnelt dieser Idee? Gibt es Parallelen? Was könnten Sie nachahmen?

3   Ändern! – Können Sie Bedeutung, Farbe, Bewegung, Größe, Form, Klang, Geruch etc. verändern?

4   Vergrößern! – Können Sie es größer machen? Etwas hinzufügen? Die Häufigkeit erhöhen? Die Stärke? Die Höhe? Die Länge? Den Wert? Den Abstand? Können Sie es vervielfältigen? Übertreiben? Vergröbern?

5   Verkleinern! – Können Sie es kleiner machen? Etwas wegnehmen? Tiefer machen? Kürzer? Dünner? Leichter? Heller? Feiner? Können Sie es aufspalten? Als Miniatur verwenden?

6   Ersetzen! – Was können Sie an der Idee austauschen? Lässt sich der Prozess anders gestalten? Gibt es andere Positionen? Tonlagen? Elemente aus anderen Ländern oder Zeiten?

7   Umstellen! – Können Sie Teile, Abschnitte austauschen? Lässt sich die Reihenfolge ändern? Ursache und Wirkung umdrehen?

8   Umkehren! – Können Sie das Gegenteil der Idee machen? Wie sieht die Idee spiegelverkehrt aus? Lassen sich Rollen tauschen? Lässt sich die Idee um 180° drehen?

9   Kombinieren! – Können Sie die Idee mit anderen verbinden? Lässt sie sich in ein größeres Ganzes einfügen? In Bausteine zerlegen?

10 Transformieren! – Können Sie es durchlöchern, zusammenballen, ausdehnen? Härten? Verflüssigen? Durchsichtig machen?

Beispiel: Osborn-Checkliste

Weihnachtskarte

1. Anders verwenden	gleichzeitig Gutschein, Rätsel
2. Anpassen	Eintrittskarte, Telefonkarte
3. Ändern	Karte mit Tannengeruch
4. Vergrößern	als Zeitung, Plakat, Buch
5. Verkleinern	winzige Schrift, Lupe beilegen
6. Ersetzen	historische Karte
7. Umstellen	Ostermotive zu Weihnachten
8. Umkehren	persönliche Grüße auf den Umschlag schreiben
9. Kombinieren	als Einladung zur Weihnachtsfeier; Karte als Beginn eine Serie
10. Transformieren	als Musikstück

Reizwort-Analyse, Random-Input

Die Reizwort-Analyse ist eine unkomplizierte, recht verbreitete Technik, die in vielen Abwandlungen existiert. Sie können Sie sowohl im Team als auch allein einsetzen. Dabei werden Sie mit einem zufällig ausgewählten Begriff konfrontiert und sollen dadurch zu ungewohnten Assoziationen Zugang finden, die Ihnen kreative Ideen ermöglichen.

Was leistet die Reizwort-Analyse?

Ihr Denken wird aus seinen gewohnten Bahnen herausgeschleudert. Sie werden angeregt, die Dinge aus einem neuen Blickwinkel zu sehen, Unzusammengehöriges zusammenzudenken und kühne Gedankensprünge zu wagen.

Für welche Bereiche ist sie besonders geeignet?

- Werbung
- originelle Ideen, neue Produkte
- künstlerischer Bereich, Komik

Wo liegen ihre Schwächen?

- forciert exzentrische Lösungen
- in Gruppensitzungen fühlen sich manche Teilnehmer überfordert; andere haben sehr viel Spaß damit und produzieren viele, aber wenig brauchbare Ideen
- kann in Gruppensitzungen Spannungen auslösen

Was benötigen Sie für die Reizwort-Analyse?

- ein Wörterbuch, eine Liste oder Karten mit Zufallswörtern

Dauer: je nach Größe der Gruppe in einer Teamsitzung etwa 60 Minuten

> Selbst wenn Sie bei der Reizwort-Analyse kein brauchbares Ergebnis finden: Sie trainieren mit dieser Kreativitätstechnik zumindest Ihre geistige Flexibilität.

Wie läuft eine Reizwort-Analyse ab?

Zu Anfang vergegenwärtigen Sie sich noch einmal Ihre Ausgangsfrage. Dann legen Sie einen bis maximal fünf Begriffe fest – und zwar in einem Zufallsverfahren.

- Schlagen Sie eine beliebige Seite in einem Wörterbuch auf, und tippen Sie ohne hinzusehen auf einen Begriff.

- Erstellen Sie vorher eine umfangreiche Liste mit willkürlich ausgewählten Begriffen (mindestens hundert). Tippen Sie den Begriff/die Begriffe heraus.

- Besser noch: Übertragen Sie die Liste auf kleine Pappkärtchen. Ziehen Sie den Begriff.

  Gerade wenn Sie häufiger von diesem Verfahren Gebrauch machen, lohnen sich die Kärtchen, weil sie am ehesten dafür sorgen, dass die Begriffe wirklich zufällig zu Stande kommen.

Analysieren Sie das Reizwort!

Sie sollten sich zunächst ganz auf das Reizwort konzentrieren. Was zeichnet es aus? Was sind seine äußeren Merkmale? Was tut es? Wozu benutzt man es? Gibt es eine symbolische Bedeutung? Womit steht es in Verbindung?

Ihre Antworten schreiben Sie auf. Es sollten mindestens fünf, aber nicht mehr als zehn sein.

Schaffen Sie eine Verbindung zu Ihrem Problem!

Nun kommt die entscheidende Phase. Oft ist es schwierig, sich von den Aussagen gleich zu einer Lösung inspirieren zu lassen. Daher sollten Sie sich zunächst fragen, welche Verbindung die Aussagen zu Ihrem Gebiet haben. Was ist vergleichbar? Gibt es irgendeinen Punkt, der Sie an etwas denken lässt, um das es bei Ihrem Problem geht?

Suchen Sie die Lösung Ihres Problems!

Selten wird Ihnen das Reizwort die Lösung frei Haus liefern. Auch ist es kaum mit zwei, drei Gedankenschritten getan. Geben Sie nicht vorzeitig auf. Die Lösung liegt nicht in der kürzesten Verbindung zwischen Reizwort und Problem.

Gehen Sie Umwege. Nutzen Sie den Zufallsbegriff, um auf völlig neue Gedanken zu stoßen. Lösen Sie eine Lawine neuer Ideen aus. Man muss Ihrer Lösung später nicht anmerken, von welchem Reizwort Sie ausgegangen sind.

Wie finden Sie das beste Reizwort?

Durch Zufall. Sorgen Sie dafür, dass bei der Auswahl wirklich nur der Zufall entscheidet. Begriffe sollten nicht abgelehnt werden dürfen, weil sie unpassend erscheinen.

Weiterhin wichtig: Wenn Sie mit der Liste oder den Kärtchen arbeiten, nehmen Sie keine Begriffe auf, die direkt etwas mit Ihrem Arbeitsgebiet zu tun haben.

Varianten

Die Reizwort-Analyse ist nur eine von vielen sogenannten „Random-Input"-Methoden. Dabei geht es immer darum, ein fremdes, zufälliges Element einzubeziehen, das neue Ideen auslösen soll.

Und das können ganz nach Geschmack recht verschiedene Dinge sein: Bilder, Fotos, abstrakte Gemälde, Klänge, Musikstücke oder Gegenstände aus Knetmasse, die Sie vorher absichtslos geformt haben.

Die Verwendung von Bildern als Assoziationsmittel gilt mitunter als eigenständige Kreativitätstechnik. Sie wird auch als visuelle Synektik bezeichnet.

Mentale Provokation

Die bekannteste und spektakulärste Kreativitätstechnik von Edward de Bono. Es gibt eine gewisse Ähnlichkeit mit der → Reizwort-Analyse. Nur setzt die mentale Provokation nicht den Zufall ein, sondern produziert vorsätzlich scheinbar widersprüchliche Aussagen. Sie eignet sich für Gruppen und Einzelpersonen.

Was leistet die mentale Provokation?

Die mentale Provokation ist eine äußerst wirksame Methode, „kreative Sprünge" (siehe Abschnitt „Routine und Kreativität") zu provozieren. Sie bringen sich selbst aus dem Gleichgewicht, um in einen neuen Gleichgewichtszustand zu gelangen.

Wo liegen die Stärken der mentalen Provokation?

- blitzartig können Sie die Dinge aus einer neuen Perspektive betrachten
- sie verschafft Distanz zu Ihrem Problem
- sie stimuliert ungewöhnliche Lösungen
- sie ist universell einsetzbar

Wo liegen ihre Schwächen?

- forciert die Suche nach exzentrischen Lösungen
- Teilnehmer entwickeln brillante Ideen, die oft nicht praktikabel sind (→ die kreative Denkfalle)

Was benötigen Sie für die mentale Provokation?

- allenfalls Schreibzeug und Papier

Dauer: etwa 40 Minuten, kann, da als „Anstoßtechnik" gedacht, anderen Techniken vorgeschoben werden.

> De Bono charakterisiert seine Methode folgendermaßen: „Der Zweck der Übung besteht darin, uns abrupt aus dem herkömmlichen, starren Wahrnehmungsmuster herauszureißen und in eine Position der Instabilität zu bringen, die uns den Weg zu einer neuen Idee ebnet."

Was ist eine mentale Provokation?

Eine mentale Provokation kommt dadurch zustande, dass Sie – wie de Bono schreibt – „kontrolliert verrückt" sind. Ausgehend von Ihrem Problem machen Sie eine Aussage, die Sie für nicht realisierbar halten, die im Widerspruch zu Ihren Erfahrungen steht oder die das genaue Gegenteil von dem aussagt, wovon Sie eigentlich überzeugt sind.

Damit Ihre Mitmenschen wissen, dass Sie Ihre Aussage nicht wörtlich meinen, sondern als „mentale Provokation", schlägt de Bono vor, sie mit der Silbe „po" einzuleiten.

Beispiel: So kennzeichnen Sie Ihre Aussagen als „mentale Provokation"

Po, wir verkaufen das Produkt unseren Konkurrenten.

Po, Autos sollten viereckige Räder haben.

Po, eine Kinokarte kostet 100 Euro.

Über den Ursprung des Wörtchens „po" bemerkt de Bono, es stehe für „P(rovokative Denk)O(peration)"; in der Maori-Sprache beziehe sich das Wort auf das Chaos der Urmaterie.

Wie erarbeiten Sie eine mentale Provokation?

Wenn Sie nicht selbst auf eine geeignete mentale Provokation kommen, können Sie planmäßig eine erzeugen. Sie gehen immer von einer Aussage aus, die Sie für selbstverständlich halten.

- Stellen Sie die Aussage in Frage! Zum Beispiel: „Po, in Restaurants gibt es keine Speisekarten."

- Kehren Sie die Sache um! Zum Beispiel: „Po, das Telefon klingelt die ganze Zeit und ist nur dann still, wenn jemand anruft."

- Übertreiben Sie oder untertreiben Sie. Maßlos. Zum Beispiel: „Po, in jedem Haushalt gibt es hundert Telefone."

- Stellen Sie sich vor, Ihren Wünschen wären keinerlei Grenzen gesetzt. Zum Beispiel: „Po, Ladendiebe geben sich selbst zu erkennen."

- Verbinden Sie zwei Vorstellungen, die eigentlich nicht zusammengehören. Zum Beispiel: „Po, Geldscheine werden sauer wie die Milch."

Wie setzen Sie die mentale Provokation ein?

Ähnlich wie bei der → Reizwort-Analyse müssen Sie versuchen, eine Verbindung zu Ihrer Fragestellung zu finden. Wie so oft bei den Kreativitätstechniken müssen Sie auch hier die Denkrichtung ändern: nicht mehr „kontrolliert verrückt" sein, sondern konzentriert die mentale Provokation untersuchen.

- Lassen Sie sich auf die mentale Provokation ein. Entdecken Sie Ansatzpunkte, Gemeinsamkeiten. Versuchen Sie, sich ein Bild vorzustellen. Was sehen Sie? Wie sieht ein Ladendieb aus, der sich selbst zu erkennen gibt? Trägt er besondere Kleidung?

- Fragen Sie nach Gründen: Warum gibt es in den Restaurants keine Speisekarten? Was ist der Vorteil? Wie geben Sie in einem solchen Restaurant Ihre Bestellung auf?

- Sie können auch versuchen, Entsprechungen zu finden, das provokative Bild gewissermaßen zu übersetzen: Was bedeutet es, dass Geldscheine „sauer" werden? Vielleicht werden sie ungültig. Was könnte der Vorteil sein? Vielleicht ließe sich so die Umlaufgeschwindigkeit des Geldes erhöhen.

- Entscheidend ist: Bleiben Sie nicht bei der mentalen Provokation stehen. Sie ist nur die Initialzündung für Ihre kreativen Ideen. Andererseits sollten Sie sich auch nicht zu rasch von der provokativen Aussage entfernen. Sonst landen Sie schnell wieder bei Ihren gewohnten Vorstellungen.

In der Konsequenz heißt das: Lassen Sie sich Zeit, Ihre mentalen Provokationen in praktikable Lösungen zu übersetzen.

Variante: Die NIE-Technik

Aus de Bonos „mentaler Provokation" haben Joern Bambeck und Antje Wolters eine fünfstufige Technik entwickelt: die NIE-Technik. NIE steht für Neue Ideen Erfinden und ist im Deutschen wenigstens lautlich der Idee der mentalen Provokation näher als das Maori-Wort „po".

Während de Bono seine mentale Provokation eher als Denkfigur verstanden wissen will, die Sie unvermittelt anwenden können, gehen Sie mit Bambeck und Wolters Schritt für Schritt vor:

1   Fixieren Sie Ihr Problem. Zum Beispiel: „Kundenparkplätze werden durch Pendler besetzt."

2   Zählen Sie die Selbstverständlichkeiten Ihres Problems auf. Zum Beispiel: „Autopendler kommen früher als die Kunden."

3   Produzieren Sie NIE-Formulierungen als Verneinungen/ Verkehrungen der Aussagen, die Sie im zweiten Schritt aufgestellt haben. Zum Beispiel: „NIE-Autopendler kommen später als die Kunden."

4   Suchen Sie anhand der NIE-Formulierungen nach neuen Ideen. Zum Beispiel: „Parkplätze dürfen erst nach der Geschäftsöffnung benutzt werden."

5   Wählen Sie die besten Ideen aus. Und realisieren Sie sie!

Tipps für Ihre mentale Provokation

- Betrachten Sie die „mentale Provokation" als eine Art geistiges Sprungbrett. Nicht die Aussage selbst ist das Entscheidende, sondern die Ideen, zu denen Sie angeregt werden.

- Formulieren Sie bewusst pointiert. Üben Sie sich nicht in Zurückhaltung, sondern arbeiten Sie die Eigenschaften, um die es geht, überdeutlich heraus. Eine „völlig unmögliche" These regt Ihr Denken stärker an als eine halbschwammige Behauptung.

- Üben Sie diese Technik. Versuchen Sie nicht gleich, die wichtigsten oder schwierigsten Probleme mit dieser Technik anzugehen. Machen sich erst einmal mit der Denkweise vertraut.

> Die Technik der „mentalen Provokation" hat ihre Grenzen: Provokative Ideen stimulieren zwar das Denken, doch sind sie keineswegs eine Garantie dafür, dass Sie eine praktikable Lösung finden.

Morphologischer Kasten und andere Matrizen

An die Ideenfindung ganz systematisch herangehen – kann das funktionieren? In der Tat gibt es einige Techniken, die auf schematischen Darstellungen beruhen. Die bekannteste Kreativitätstechnik, die mit einer Matrix arbeitet, hat der Schweizer Astrophysiker Fritz Zwicky entwickelt: den morphologischen Kasten.

Was leisten diese Techniken?

Matrizen eignen sich für die Fälle, die geordnetes und logisches Vorgehen verlangen: Der Einsatz des morphologischen Kastens ist z.B. vor allem dann sinnvoll, wenn ein Produkt entwickelt oder verbessert werden soll und Sie sicher gehen wollen, alle relevanten Aspekte zu erfassen.

Wo liegen ihre Stärken?

- ermöglichen ein systematisches Herangehen
- sind übersichtlich, schaffen Orientierung
- eignen sich vor allem für Neukombinationen bewährter Lösungen

Wo liegen ihre Schwächen?

- es entstehen selten neue Ideen
- Schematismus kann einengend wirken
- aufwendiges Verfahren absorbiert kreative Energien

Was benötigen Sie für die Matrizen?

- Die entsprechenden Schemata, Schreibzeug und Papier

Dauer: Morphologischer Kasten etwa 40 Minuten.

Matrizen sind in der kreativen Arbeit auf spezielle Fälle beschränkt, etwa die Weiterentwicklung bestehender Konzepte. Hier sind sie durchaus hilfreich, doch können sie niemals mehr als eine gewisse Orientierung bieten.

So gehen Sie beim morphologischen Kasten vor

Sie legen die Parameter fest, die für Ihre Frage wesentlich sind. Das heißt, Sie müssen von vornherein wissen, auf welche Eigenschaften es ankommt. Durch Kombination verschiedener Eigenschaften finden Sie dann die Lösung.

Die fünf Schritte des morphologischen Kastens
1. Kategorien festlegen
2. Eigenschaften auflisten
3. Matrix erstellen
4. Kombinationen festlegen
5. Lösung auswählen

1 Legen Sie die Kategorien fest!

Die Brauchbarkeit Ihrer Ergebnisse hängt davon ab, ob es Ihnen gelingt, für Ihr Problem die passenden Kategorien zu finden. Jede Kategorie steht für eine Klasse von Eigenschaften, die drei Bedingungen erfüllen müssen:

- Sie müssen für Sie wesentlich sein.
- Sie müssen sich von Ihnen verändern lassen.
- Sie müssen das gesamte Spektrum Ihrer Möglichkeiten abdecken.

Welche Kategorien das sind, ist von Ihrer Fragestellung abhängig.

Beispiel:

 Wenn Sie einen neuen Computermonitor entwickeln wollen, sind andere Eigenschaften für Sie wesentlich, als wenn Sie eine Kantine aufbauen wollen. Beim Computermonitor wird es vielleicht um seine Größe, seine Leistungsfähigkeit, seine Bildschirmtechnologie und seinen Preis gehen, während es bei der Kantine um Fragen gehen könnte wie Art der Gerichte, Öffnungszeiten und Preisniveau.

Liegt ein Parameter bereits fest, brauchen Sie ihn natürlich nicht mehr aufzuführen. Wenn Sie also einen Monitor mit Flachbildschirm bauen wollen, können Sie auf die zugehörige Kategorie „Bildschirm" verzichten. Darüber hinaus sollten Sie auf zwei Dinge achten:

- Die Kategorien sollten möglichst unabhängig voneinander sein. Wenn also beim Computermonitor die Bildschirmtechnologie den Preis stark bestimmt, hat es keinen Sinn, den Preis als eigene Kategorie festzusetzen.

- Es dürfen nicht zu viele Kategorien sein. Bei mehr als sieben Kategorien geht sehr leicht die Übersichtlichkeit verloren.

2 Listen Sie die zugehörigen Eigenschaften auf!

Haben Sie die Kategorien festgelegt, müssen Sie sich nun um die zugehörigen Eigenschaften bzw. die „Parameterausprägung" kümmern. Welche Optionen stehen Ihnen offen? – Wenn Sie beispielsweise ein Betriebsfest organisieren wollen,

führen Sie in der Kategorie „Räumlichkeiten" alle Möglichkeiten auf, die Ihnen sinnvoll erscheinen.

Die Eigenschaften sollten zwar das gesamte Spektrum Ihrer
Möglichkeiten wiedergeben, jedoch auf eine überschaubare
Anzahl reduziert werden. Drei bis vier Alternativen sind gut.

3 Erstellen Sie die Matrix!

Nun können Sie Ihren morphologischen Kasten füllen: In der
linken Spalte führen Sie die Kategorien/Parameter auf. Die
übrigen Spalten sind für die Parameterausprägung vorgesehen.

Nehmen wir an, Sie wollen eine besonders hochwertige Teekanne für anspruchsvolle Teetrinker entwickeln.

Beispiel: Eine neue Teekanne

Parameter	Parameterausprägung		
Material	Glas	Porzellan	Metall
Form	kugelig	eckig	schlank
Größe	klein (< 1,0 l)	mittel (1,0–1,5 l)	groß (> 1,5 l)
Einsatz	ohne	Metallsieb	wie Material

4 Legen Sie die Kombinationen fest!

Jetzt müssen Sie entscheiden, welche Merkmalskombinatio-
nen für Sie in Frage kommen. Sie können jedes Merkmal mit
jedem kombinieren.

Achtung! Es ist keineswegs immer die beste Lösung, in jeder
Kategorie das beste Merkmal herauszusuchen. Oft führen Ei-

genschaften, die für sich genommen nicht optimal sind, in bestimmten Kombinationen zu sehr guten Ergebnissen.

5 Wählen Sie die beste Lösung aus!

Aus den verschiedenen Kombinationen müssen Sie jetzt noch die beste Lösung heraussuchen – und umsetzen.

Wie arbeiten Sie mit der Funktionsanalyse?

Eine verwandte Matrix ist unter dem Namen „Funktions-" oder „Wertanalyse" bekannt. Das Ziel ist in ein anderes: nämlich alle Möglichkeiten zur Kostensenkung auszuschöpfen. Die Kategorien, die Sie bilden müssen, sind jene unabdingbaren Funktionen, die Ihr Produkt erfüllen muss. Anstelle der Parameterausprägungen listen Sie auf:

- wie diese Funktion gewöhnlich/bisher erfüllt wird
- wie viel das kostet
- wodurch diese Funktion kostengünstiger zu erfüllen wäre
- wie viel diese Alternative kostet

Weitere Anregungen zur Funktionsanalyse finden Sie übrigens im TaschenGuide „Controllinginstrumente".

Konzeptfächer, Progressive Abstraktion

Oftmals lässt sich ein Problem überraschend einfach lösen, wenn Sie die Betrachtungsebene ändern. Und das heißt in den meisten Fällen: Sie müssen Ihre Frage grundsätzlicher formulieren.

Zwei Techniken, die auf genau dieses Prinzip zurückgreifen, doch verschiedene geistige Väter haben, sind der Konzeptfächer von Edward de Bono und die Progressive Abstraktion von H. Geschka.

Was leisten beide Methoden?

Sie helfen Ihnen, systematisch eine Vielzahl von Lösungsmethoden zu entwickeln und die beste Alternative zu finden.

Für welche Fälle sind sie besonders geeignet?

- wenn Sie sich an einer Frage festgebissen haben
- für strategische Fragen
- wenn Sie eine bestehende Lösung verbessern möchten

Wofür sind sie weniger geeignet?

- wenn Sie keine Lösung/Überlegung haben, von der Sie ausgehen können
- „wilde" Ideen, kreative Sprünge

Was benötigen Sie?

- bei Einzelarbeit: Schreibzeug, Papier
- bei Gruppenarbeit: Gruppe mit vier bis sechs Teilnehmern; Moderator, der auch protokollieren kann; Tafel oder Flipchart

Dauer: kann oft ganz schnell zur Lösung führen, ansonsten sehr abhängig von der Aufgabenstellung

> Mit der progressiven Abstraktion bzw. dem Konzeptfächer können Sie sich systematisch dem „Grundsätzlichen" Ihres Problems nähern oder, anders ausgedrückt, den Denkprozess noch einmal „von vorne" beginnen.

Wie arbeiten Sie mit dem Konzeptfächer und der Progressiven Abstraktion?

Das Prinzip ist ebenso schlicht wie einleuchtend: Sie gehen stets von einer unzulänglichen Lösung des Problems aus und führen es auf eine allgemeine Ebene zurück (= Abstraktion) bzw. fragen nach dem Konzept, das hinter dieser Lösung steht. In drei Schritten nähern Sie sich einer besseren Lösung, wobei Sie diese Abfolge beliebig wiederholen können:

Die drei Schritte der Progressiven Abstraktion
1. Sie legen fest, worum es eigentlich geht.
2. Sie erschließen sich Handlungsalternativen.
3. Sie entscheiden sich für eine Lösung.

Beispiel:

> Sie möchten in einem Vortragsraum eine Tafel aufhängen. Ihr erster Gedanke: Sie schlagen einen Nagel in die Wand und hängen die Tafel auf. Doch es gibt ein Problem: Sie finden nirgendwo einen Hammer.

1 Worum geht es?

Sie verlagern Ihr Problem auf die nächsthöhere Ebene. Es ist durchaus ökonomisch, nicht gleich zu stark zu abstrahieren. In unserem Beispiel geht es darum, irgendeinen Gegenstand aufzutreiben, der geeignet ist, einen Nagel in die Wand zu schlagen.

2 Welche Alternativen gibt es?

Ausgehend von dem Konzept überlegen Sie, welche Möglichkeiten es gibt, dieses Konzept zu realisieren. In unserem Beispiel suchen Sie nach Möglichkeiten, einen Nagel in die Wand zu treiben: Sie nehmen ein dickes Stahlrohr, ein starkes Brett, einen entsprechend geformten Stein oder Sie überlegen, ein passendes Loch in die Wand bohren und den Nagel hineinzustecken.

3 Für welche Lösung entscheide ich mich?

Sie prüfen die Alternativen auf Ihre Brauchbarkeit und entscheiden sich für eine von ihnen. Haben Sie also ein passendes Brett gefunden, ist Ihr Problem gelöst.

Wenn Sie keine Lösung zufrieden stellt

In diesem Fall abstrahieren Sie weiter! Dieser vierte Schritt entspricht dann dem ersten, nur arbeiten Sie jetzt auf einer allgemeineren Ebene und können noch mehr Alternativen in Betracht ziehen.

Durch dieses wiederholte Abstrahieren ergibt sich eine fächerartige Struktur. Je weiter Sie „nach oben gehen", also je allgemeiner Sie Ihr Problem formulieren, umso mehr Optionen ergeben sich auf den unteren Ebenen – allerdings müssen Sie diese Optionen aus den übergeordneten Konzepten erst einmal ableiten.

Beispiel: Erweiterung des Konzeptfächers

Wenn Sie keinen passenden Ersatz für den Hammer auftreiben können oder Sie informiert werden, dass Sie gar keine Nägel in die Wand schlagen dürfen, legen Sie die nächsthöhere Ebene fest als „Möglichkeiten, die Tafel an der Wand zu befestigen".

Mit diesem Konzept gelangen Sie vielleicht zu Lösungen wie „Tafel an die Wand kleben", „Tafel an die Wand hängen". Lösungen, für die Sie jeweils mehrere Realisierungsmöglichkeiten suchen können.

Nun könnte es sich ergeben, dass Sie gar keine Möglichkeit haben, die Tafel in irgendeiner Weise an der Wand zu befestigen. Wieder stellen Sie sich die Frage: Worum geht es eigentlich? Vielleicht gelangen Sie zu dem Konzept, die Tafel so aufzustellen, dass sie von allen Besuchern gesehen werden kann. Und Sie entwickeln Möglichkeiten, die Tafel anzulehnen, hochzuhalten, vor dem Eingang aufzustellen und Ähnliches mehr.

Auf einer noch höheren Ebene würden Sie sich vermutlich von der Tafel lösen und Optionen entwickeln wie: mit Dia- oder Overheadprojektor arbeiten, Handouts verteilen oder Vorträge so umzugestalten, dass auf visuelle Zusatzinformationen verzichtet werden kann.

Vielleicht ein allzu simples Beispiel, doch es zeigt, wie·diese
häufig sehr hilfreiche Methode funktioniert. Denn viele unse-
rer Probleme ließen sich einfach dadurch lösen, dass wir –
bildlich gesprochen – nicht länger angestrengt nach einem
Hammer suchen, sondern andere Möglichkeiten in Betracht
ziehen, und zwar systematisch.

> Sie können so lange Ihren Konzeptfächer erweitern, bis Sie eine Lösung
> gefunden haben!

Schaubild Konzeptfächer

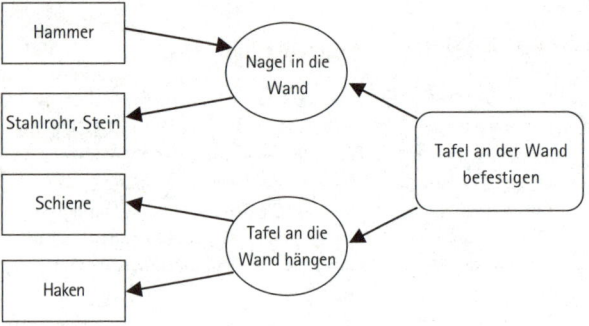

Je weiter Sie abstrahieren, umso mehr Lösungsmöglichkeiten
können Sie ableiten.

Das kreative Unternehmen

Heute setzt fast jedes marktführende Unternehmen auf die Kreativität seiner Mitarbeiter. Nicht nur in den traditionellen Kreativabteilungen wie Werbung, Marketing und Produktentwicklung, sondern auch im Einkauf, im Vertrieb, im Kundendienst oder in der Personalabteilung sind kreative Ideen gefragt.

In diesem Kapitel erfahren Sie,

- wie Sie Mitarbeiter gezielt kreativ fördern,
- unter welchen Bedingungen einzelne Mitarbeiter kreativ werden,
- wie Sie kreative Sitzungen mit mehreren nutzen und moderieren und
- wie Sie Kreativität als Teil Ihrer Unternehmenskultur etablieren.

Kreativität gezielt fördern

Allerdings ist oft nicht klar, wie die Mitarbeiter zu den kreativen Ideen gelangen sollen. Gar nicht wenige Unternehmen betrachten Kreativität als eine Art freiwilliger Zusatzleistung, die entsprechend „motivierte" Mitarbeiter gerne nach Dienstschluss erbringen. Vereinzelt mag das sogar zutreffen, doch wird man kaum behaupten können, dass diese Unternehmen die kreativen Potenziale ihrer Mitarbeiter wirklich nutzen.

In anderen Fällen beschränkt sich die Förderung der Kreativität auf „kreative Meetings" und die Einrichtung von „Crea"-Teams. Oft bleiben diese Maßnahmen weit hinter den Erwartungen zurück, weil sie isolierte Aktionen sind. Dabei könnte das Unternehmen von den kreativen Ideen seiner Mitarbeiter profitieren, wenn es sie gezielt fördert.

- Kreative Unternehmen betrachten kreative Aktivitäten ihrer Mitarbeiter nicht als Luxus oder verlängerte Freizeit, sondern als Notwendigkeit.

- In kreativen Unternehmen sind Zeiten für kreative Aktivitäten fest eingeplant.

- In kreativen Unternehmen sind die Ideen der Mitarbeiter willkommen.

- Kreative Unternehmen setzen ihren Mitarbeitern Ziele.

Kreative Einzelkämpfer

Kreativität in Unternehmen wird oft als das Ergebnis von Gruppenarbeit verstanden. Sie soll sich in kreativen Sitzungen entfalten. Im Idealfall unter Einsatz einer brauchbaren Kreativitätstechnik.

Dabei wird vergessen, dass sehr viele Ideen von Einzelnen stammen und oft genug im stillen Kämmerchen ausgebrütet werden. Ein kreatives Unternehmen fördert daher beide Arten von Kreativität, die sich in der Regel ergänzen: die Arbeit in der Gruppe und die Einzelleistung.

Kommunikation und schöpferische Reservate

Die einzelnen Mitarbeiter kommen am ehesten unter zwei Voraussetzungen auf kreative Ideen: Einerseits benötigen sie alle wesentlichen Informationen, sollten sich untereinander austauschen und von den Erfahrungen der anderen profitieren können. Andererseits brauchen sie einen geschützten Raum, ein schöpferisches Reservat, um ungestört ihre Ideen entwickeln zu können – und zwar nicht nur nach Feierabend.

In der innovationsfreudigen Firma 3M etwa gibt es eine langjährige Tradition: die 15-Prozent-Regel, die es den Mitarbeitern erlaubt, bis zu 15 Prozent ihrer Zeit an Projekten ihrer eigenen Wahl zu arbeiten.

Die kreative Sitzung

Auch wenn viele Ideen in Einzelarbeit entwickelt werden, sollte das Unternehmen nicht auf kreative Sitzungen verzichten. Richtig eingesetzt bieten sie eine Reihe von Vorteilen. Denn kreative Sitzungen

- führen zu anderen, möglicherweise besseren Ergebnissen,
- fördern den Austausch der Mitarbeiter untereinander, stärken die Zusammenarbeit, verbessern das Betriebsklima,
- geben Anregungen, die jeder Teilnehmer weiter bearbeiten kann und die zu neuen Lösungen führen.

Allerdings können allzu starre, formalisierte Sitzungen die Kreativität auch hemmen. Ganz entscheidend kann hier der Einfluss des Moderators sein.

Worauf Sie als Moderator achten sollten

Viele kreative Meetings scheitern an einer schlechten Moderation. Der Moderator kann Geburtshelfer vieler neuer Ideen sein, er kann sie aber auch abwürgen und dauerhaften Schaden anrichten: wenn die Mitarbeiter nämlich die Überzeugung gewinnen, kreative Sitzungen müssten so ablaufen, und froh sind, wenn sie diese überstanden haben.

Fünf erfolgreiche Kreativitätsbremser

- **Der unsichere Moderator.** Er verhaspelt sich, ist schlecht vorbereitet, kann Vielredner nicht stoppen, weiß nicht, wann er zum nächsten Punkt überleiten soll, kann die Ergebnisse der Sitzung nicht zusammenfassen.

- **Der Alleinunterhalter.** Er spielt sich in den Vordergrund, macht „witzige" Kommentare und hält sich wegen seiner „lockeren Art" für einen souveränen Sitzungsleiter.

- **Der Ungeduldige.** Ihm geht alles nicht schnell genug. Er setzt die Teilnehmer unter Druck, geht gleich zum nächsten Punkt, sobald die Diskussion ein wenig auf der Stelle tritt.

- **Der Kreative.** Ihm fällt während der Sitzung auch allerhand ein. Und so äußert er seine eigenen kreativen Ideen. Das kann sehr bereichernd sein, nur steht die Gruppe plötzlich ohne Moderator da.

- **Der Beleidigte.** Er fühlt sich persönlich für die Ergebnisse der Diskussion verantwortlich und fasst es als Kränkung auf, wenn keine Vorschläge kommen.

So moderieren Sie richtig!

Niemand wird von Ihnen erwarten, dass Sie auf Anhieb perfekt moderieren. Doch können Sie viele Fehler und Unarten vermeiden, wenn Sie sich gut auf Ihre Moderation vorbereiten. Machen Sie sich vorher mit der Kreativitätstechnik und dem Ablauf der Sitzung vertraut. Üben Sie vorher Ihre Moderation. Wenigstens die Einleitung sollte Ihnen sicher von den Lippen gehen.

Darüber hinaus schadet es nicht, wenn Sie sich für die folgenden Fälle ein paar Sätze zurechtlegen – gerade wenn Sie zum ersten Mal moderieren:

- Einleitung/Begrüßung
- alle Überleitungen
- den Anstoß zur Diskussion
- Vielredner stoppen
- unsachliche Beiträge zurückweisen
- ausfällige Teilnehmer zur Ordnung rufen
- Ihr Schlusswort

10 Tipps für Ihre Moderation

- Führen Sie knapp und präzise in das Thema ein.
- Bemühen Sie sich um Objektivität.
- Halten Sie sich im Hintergrund.
- Greifen Sie sofort ein, wenn jemand unsachlich wird.
- Greifen Sie ein, wenn vom Thema abgewichen wird oder sich die Gruppe an einem Punkt „festbeißt".
- Stoßen Sie die Diskussion an, wenn sie ins Stocken geraten ist. Nicht durch eigene Vorschläge, sondern indem Sie die Teilnehmer ermuntern.
- Achten Sie darauf, dass zeitliche Vorgaben eingehalten werden. Geben Sie den Teilnehmern Orientierung.

- Fassen Sie immer wieder Diskussionspunkte zusammen.

- Achten Sie auf Wortmeldungen. Ermuntern Sie zurückhaltende Teilnehmer, sich zu beteiligen.

- Beschließen Sie die Sitzung mit einem positiven Ausblick. Fassen Sie die Ergebnisse noch einmal zusammen und bedanken Sie sich bei den Teilnehmern. Auch ein Hinweis, was mit den Ergebnissen geschieht, ist häufig sinnvoll.

Weitere Tipps für eine gelungene Gesprächsleitung erhalten Sie im TaschenGuide „Moderation".

Was Sie als Teilnehmer einer kreativen Sitzung wissen sollten

Nicht nur der Moderator sollte seiner Aufgabe gewachsen sein. Die kreativen Ideen kommen ja – ausschließlich – von den Teilnehmern. Daher können Sie viel zum Gelingen einer kreativen Sitzung beitragen – durch Ihr Verhalten, aber auch wenn Sie sich ein wenig vorbereiten.

- Wenn eine bestimmte Kreativitätstechnik eingesetzt wird, können Sie sich schon vorher mit dem Ablauf vertraut machen.

- Gehen Sie mit einer positiven Grundeinstellung in die kreative Sitzung.

- Ermutigen Sie die anderen Teilnehmer, sich zu engagieren.

- Wenn Sie mit dem Ablauf nicht zufrieden sind (Leerlauf, schlechte Moderation, demotivierte Teilnehmer): Sprechen Sie es an! Bemühen Sie sich gemeinsam um eine Lösung.

Gezielter Einsatz von Kreativitätstechniken

Oftmals kann die Effizienz kreativer Sitzungen durch eine Kreativitätstechnik erheblich gesteigert werden. Voraussetzung ist allerdings, dass diese Techniken sinnvoll eingesetzt werden.

- Überlegen Sie, welche Technik für Ihr Problem in Frage kommt. Es gibt keine Allroundtechnik.

- Die Teilnehmer müssen jede Technik erst erlernen. Geben Sie ihnen Zeit, und setzen Sie nicht mehrere Techniken gleichzeitig ein.

- Auch die beste Technik kann kreative Ideen nur fördern, niemals erzeugen.

Wählen Sie die Kreativitätstechnik, die Ihnen am besten zusagt. Und lassen Sie sich auch auf sie ein. Geben Sie nicht zu früh auf. Wenn Sie jedoch merken, dass Ihnen die Technik nicht liegt, überlegen Sie, woran das liegen könnte. Versuchen Sie es mit einer anderen Methode, wählen Sie jedoch mit Sinn und Verstand aus. Denn ein planloses „Rumprobieren" mit Kreativitätstechniken schafft Verwirrung und hemmt das schöpferische Potenzial Ihrer Mitarbeiter.

Kreativität als Teil der Unternehmenskultur

In vielen Unternehmen gibt es kreative Mitarbeiter. Allerdings wird ihr Potenzial bei weitem nicht genutzt. Denn sogar in Unternehmen, die die Bedeutung dieses „Schlüsselfaktors" erkannt haben, sind Vorstellungen weit verbreitet, die der kreativen Entfaltung ihrer Mitarbeiter eher im Wege stehen:

- Kreativität liegt nicht im Bereich der klar definierten „Routinearbeiten", für die die Mitarbeiter angestellt worden sind und bezahlt werden. Nach dem Motto: „Kreativität – ja bitte, aber sie darf nichts kosten."

- Kreativität soll sein, aber bitte nur im dafür vorgesehenen Rahmen. Und am besten auf Kommando. Die Mitarbeiter werden nicht auf die „kreative Spielwiese" geschickt, sondern auf den „kreativen Kasernenhof" abkommandiert.

Innovationsfreude und Fehlertoleranz

Kreative Unternehmen geben sich nicht mit dem Erreichten zufrieden, sie leben von ständiger Innovation. Das amerikanische Unternehmen 3M etwa schreibt vor, dass jeder Geschäftsbereich 25 Prozent seines Jahresumsatzes mit Produkten erwirtschaften soll, die nicht länger als fünf Jahre auf dem Markt sind.

Wenn Sie die Kreativität Ihrer Mitarbeiter fördern wollen, dann müssen Sie allerdings einkalkulieren, dass es hin und wieder gar kein oder nur ein wenig brauchbares Ergebnis gibt. Es gehört zur Kreativität dazu, dass sie sich zwar fördern, aber nicht erzwingen lässt. Niemand kann auf Kommando kreativ sein.

Vielfach sind die Wege zu einer guten Idee verschlungen, sie führen sehr oft über Fehlschläge. Deshalb verfügt ein kreatives Unternehmen über ein hohes Maß an Toleranz gegenüber Irrtümern, wohlverstanden: nicht gegenüber Schlamperei oder Schusseligkeit, sondern gegenüber Irrtümern bei der Suche nach neuen Ideen.

Ein kreatives Unternehmen ermöglicht die neuen Ideen aber nicht nur, es erwartet von seinen Mitarbeitern, dass sie danach suchen. Denn manche Mitarbeiter sind allein deshalb nicht kreativ, weil sie noch nie jemand dazu aufgefordert hat.

> Kreativität gehört zur Unternehmenskultur. Sie muss gelebt werden – und zwar im gesamten Unternehmen.

Literaturverzeichnis

Buzan, Tony, Schulte, Martin: Kopftraining. Anleitung zum kreativen Denken, München 2006.

de Bono, Edward: Serious Creativity. Die Entwicklung neuer Ideen durch die Kraft lateralen Denkens, Stuttgart 1996.

Dörner, Dietrich: Die Logik des Mißlingens. Strategisches Denken in komplexen Situationen, Reinbek 2003.

Edmüller, Andreas/Wilhelm, Thomas: Moderation, München 2009.

Gardner, Howard: So genial wie Einstein. Schlüssel zum kreativen Denken, Stuttgart 1996.

Kirckhoff, Mogens: Mind Mapping. Einführung in eine kreative Arbeitsmethode, Offenbach 2004.

Malorny, Christian/Schwarz, Wolfgang/Backerra, Hendrik: Die sieben Kreativitätswerkzeuge K7. Kreative Prozesse anstoßen, Innovationen fördern, München/Wien 2002.

Müller, Horst: Mind Mapping, Freiburg 2009.

Voigtmann, Martin: Genies wie du und ich. Kreativ sein hat System, Heidelberg 1997.

Teil 2: Spiele für Workshops und Seminare

So setzen Sie die Spiele ein

Wer kennt das nicht: In einem Workshop dauert es wieder einmal viel zu lange, bis die Teilnehmer locker und zutraulich werden. Oder ein Meeting, bei dem neue Produktideen generiert werden sollten, zieht sich hin, die Teilnehmer wirken müde, Kreativität ist nicht zu spüren. Was hier hilft, sind Spiele. Sie sind ein Hilfsmittel, das die unterschiedlichsten Teilnehmer anspricht, und sie sind inhaltlich und zeitlich vielseitig einsetzbar. Warum sollten Sie sich diese nicht auch in Ihren Seminaren, Workshops, Meetings oder Konferenzen zu Nutze machen? Vom Eisbrecher über Teambildung, Konzentrations- und Kreativitätsübungen bis hin zum gelungenen Abschluss finden Sie in diesem Buch zahlreiche Vorschläge.

Die Vorteile von Spielen

Spielerisch lernen wir am einfachsten. Alle Kinder lernen so: Sie sehen etwas, sie probieren es aus, sie üben und irgendwann können sie es dann – sei es laufen, Türme bauen usw. Leider ist unser Schulsystem so konzipiert, dass diese Lernmethode spätestens nach der Grundschule kaum noch angewendet wird und wir dann meist nur noch durch Zuhören lernen dürfen. Schade eigentlich, denn Lernen durch Spielen macht Freude und alles, was Freude macht, bleibt auch länger im Gedächtnis haften.

Außerdem verbinden Spiele. Miteinander etwas erleben, miteinander lachen, miteinander etwas erreichen – all das sind die besten Voraussetzungen für eine gute Zusammenarbeit und ein entsprechendes Gruppenzusammengehörigkeitsgefühl. Gerade in Meetings oder Workshops einer Firma oder Abteilung kann dies weit reichende Konsequenzen bis hinein in den Firmenalltag haben, nämlich die tägliche Zusammenarbeit verbessern. Stellen Sie sich eine Fußballmannschaft vor, die aus lauter Einzelkämpfern besteht – das würde nicht funktionieren.

Was Spiele bewirken

Egal, ob Sie ein Seminar leiten, einen Workshop organisieren oder lediglich als Teilnehmer in einem wichtigen Meeting agieren – die Spiele helfen Ihnen, die Veranstaltung interessanter, effizienter und nachhaltiger zu gestalten. Und dabei haben Sie und die anderen Teilnehmer auch noch Spaß!

Eisbrecher zum Beginn eines Seminars helfen bei der Kontaktaufnahme, insbesondere bei TN, die sich bis dato nicht kannten. Aktivierungsübungen bringen wieder Energie, sie eignen sich besonders nach einer längeren Phase des Zuhörens. Kreativitätsspiele bringen ein müdes Brainstorming in Schwung, Entspannungsübungen sind besonders dann angebracht, wenn die Teilnehmer intensiv gearbeitet haben, z.B. vor dem Einstieg in einen neuen Themenblock oder vor einer längeren Pause, aber auch am Abend, zum Ausklingen eines Seminartags.

Generell eignen sich Spiele aber natürlich immer dann, wenn ein bisschen Abwechslung gut tut. Also scheuen Sie sich nicht. Vielleicht versuchen Sie es zu Anfang einmal vorsichtig mit der einen oder anderen Aktivierungs- oder Entspannungsübung. Oder allein die Einteilung der Teilnehmer in Gruppen mit Hilfe von Gummibärchen oder Bonbons bringt bereits ein kleines Erfolgserlebnis. Wenn die Teilnehmer erst einmal gemerkt haben, dass es auch anders geht, werden sie auch problemlos bei anderen Spielen und Übungen mitmachen.

Mögliche Widerstände

Der Vorschlag, in einem Seminar oder Meeting zu spielen, ist v. a. bei denjenigen Teilnehmer schwierig, die grundsätzlich nicht gerne spielen. Ihnen kommt das zunächst manchmal kindisch vor. Aus diesem Grund sollten sie auch keinen TN zwingen, an Spielen und Übungen teilzunehmen. Es ist durchaus erlaubt, einfach zuzusehen. In den meisten Fällen gibt sich das aber sehr schnell, wenn die TN sehen, wie viel Freude die anderen an den Spielen und Übungen haben.

Ihre Rückmeldung

Ein herzliches Dankeschön gilt allen Kollegen, die uns ihre „Favoriten" zur Verfügung gestellt haben. Wir hoffen, sie gefallen Ihnen genauso gut wie uns. Vielleicht haben Sie ja Lust, uns die eine oder andere Rückmeldung zu geben? Wir würden uns darüber freuen! Die Kontaktadressen finden Sie im Abschnitt „Die Autoren".

Eisbrecher

Kennlern-Spiele sind die wichtigsten Spiele überhaupt. Ungewohnte Situationen, neue Umgebung, fremde Menschen – all das sind Hemmschwellen, die es zu überwinden gilt, damit ein tragfähiges Diskussionsklima entstehen kann.

Ein kleines Spiel bewirkt hier bisweilen Wunder. Kommunikationsschwierigkeiten werden gemeistert und die Voraussetzungen für gemeinsames Arbeiten geschaffen. Kurzum: Eisbrecher sind der einfachste Übergang vom Alltag zur Seminar-, Konferenz- oder Workshopsituation.

Schlüsselbund

Zweck: paarweises Kennenlernen, Persönliches erzählen

Dauer: ca. 15 Minuten

Anzahl der Teilnehmer (TN): unbegrenzt, gerade Zahl

Hilfsmittel: Schlüsselbunde der TN

Beschreibung

Die TN sitzen paarweise zusammen. Der Trainer bittet alle, ihre Schlüsselbunde herauszunehmen. Jedes Paar stellt sich nun anhand der Schlüssel gegenseitig vor: „Dies ist mein Kellerschlüssel. Unser Keller hat drei Räume und ist ...! Dies hier ist mein Fahrradschlüssel. Das Fahrrad habe ich mir im letzten Urlaub gekauft, weil ...!" Eventuell können mehrere Runden gespielt werden, in denen die Partner jeweils wechseln, damit sich möglichst viele TN kennenlernen.

Wichtig ist dabei, es den TN zu überlassen, was sie von sich preisgeben wollen. Jeder darf und soll so auskunftsfreudig sein, wie er möchte.

Wirkung

In aller Regel ergibt sich hier ein interessantes Gespräch zwischen zwei fremden Menschen, in dem sich die beiden gut kennenlernen. Diese Übung bringt die TN auf sehr unkomplizierte Art und Weise miteinander in Kontakt, da sie über Schlüssel reden (und nicht über sich selbst, was die Hemmschwelle senkt) und dabei eine ganze Menge von sich erzählen. Gerade seminarerfahrene TN erleben diese Kennlern-übung als eine erfrischende Alternative zu eher üblichen Paar-Fragerunden mit dem anschließenden Vorstellen des Partners. Der „Schlüsselbund" bewirkt einen schwungvollen Einstieg, wobei die TN durch das gemeinsame Sprechen über ein Thema sanft in Richtung Wir-Gefühl gelenkt werden.

Dieses Spiel können Sie auch gut bei TN einsetzen, die sich bereits kennen – auch die werden viel Neues von ihren Kollegen erfahren.

Marcus Koch

Wer bin ich?

Zweck: Vorstellen mit ganz persönlicher Note

Dauer: 15 bis 30 Minuten

Anzahl der TN: beliebig

Vorbereitung: 3 DIN-A3-Blätter (bei größeren Gruppen größere Blätter) folgendermaßen beschriften:

- Blatt 1: „Mein Name ist … / Meine Gedanken vor dem Seminar waren …"
- Blatt 2: „Warum ich hier bin: … / Meine Erwartungen an mich/den Trainer/die Gruppe: …"
- Blatt 3: „Was mich besonders auszeichnet: Ich bin der Einzige hier, der …"

Beschreibung

Die TN sitzen auf Stühlen im Kreis (ohne Tische). Der Trainer legt die drei vorbereiteten DIN-A3-Blätter in einem gewissen Abstand voneinander vor der Gruppe auf den Boden. Die Blätter wirken quasi als Anker. Zusätzlich verhindern sie, dass die TN sich ständig zum Flipchart umdrehen müssen, um die Impulse zu lesen. Der Trainer erklärt den TN kurz den Ablauf und fordert sie auf zu widersprechen, falls sie einem Statement eines anderen TN zu Blatt – nicht zustimmen können (falls sie die Eigenschaft / Fähigkeit also auch besitzen).

Das Spiel beginnt: Nacheinander treten die TN nun nach vorne. Der erste TN geht zunächst zu Blatt 1, stellt sich kurz vor und erzählt den anderen von seinen Gedanken zum Seminar. Danach tritt er zu Blatt 2 und gibt ein Statement zu seinen Erwartungen an die Beteiligten und an sich selbst. Dann muss der Satz auf Blatt – ergänzt werden, etwa: „Ich bin der Einzige hier, der Chinesisch spricht!" Ein weiterer TN meldet sich möglicherweise und erklärt, dass er auch Chinesisch sprechen kann. Also neuer Versuch: „Ich bin der Einzige hier, der vier Kinder hat!" Wenn niemand widerspricht, darf der TN sich setzen, und ein anderer kommt an die Reihe, um die drei vor der Gruppe liegenden Blätter abzulaufen.

Wirkung

Beim ersten Zusammenkommen von Gruppen ist dies eine interessante Abwechslung zu den sonst üblichen Vorstellungsrunden. Zudem ist die Übung zeitlich limitiert, bleibt aber dennoch sehr aussagekräftig. Alle erfahren eine Menge voneinander und der Seminarleiter kann die Gruppe besser einschätzen. Durch die besondere Information der dritten Station ergeben sich schnell Kontakte in der ersten Kaffeepause oder nach dem Seminar.

Schöner Nebeneffekt: Jeder (wirklich jeder) TN erfährt, dass er auf irgendeine Weise außergewöhnlich ist.

Marcus Koch

Offenes Buch

Zweck: Gemeinsamkeiten entdecken, Small-Talk-Anlässe schaffen

Dauer: 15 bis 30 Minuten

Anzahl der TN: mindestens 6, unbegrenzt

Hilfsmittel: pro TN DIN-A4-Zettel, Stift, Tesakrepp

Beschreibung

Alle TN erhalten ein leeres DIN-A4-Blatt und einen Stift. Der Trainer gibt nun mündlich Instruktionen wie: Ihr Lieblingsfach in der Schule, drei für Sie typische Eigenschaften, Ihr schönster Urlaubsort, Ihr Leibgericht usw. – die Fragen sind für alle gleich.

Die TN schreiben die jeweiligen Antworten irgendwo verstreut kreuz und quer auf ihr Blatt, so dass sie nicht auf Anhieb zuzuordnen sind. Das Blatt heften sie sich anschließend mit Tesakrepp auf die Brust oder an die Schulter. Jeder TN geht nun auf „Wanderschaft", um die Informationen auf den Blättern der Kollegen zu lesen. Sobald er eine für ihn interessante Mitteilung entdeckt hat, kommt er mit dem Betreffenden zwanglos ins Gespräch und versucht, noch mehr zu diesem Punkt herauszufinden. Je nach Zeitvorgabe haben die TN Gelegenheit, mit mehreren Personen in Kontakt zu treten und sich auszutauschen.

Wirkung

Diese Übung bringt die TN auf sehr angenehme Weise miteinander ins Gespräch. Da viele der vom Trainer vorgegebenen Punkte emotional verankert sind (z. B. schönstes Urlaubsziel), ist die Bereitschaft, sich anderen mitzuteilen, außergewöhnlich hoch.

Oft entdecken die TN Gemeinsamkeiten, die z. B. in den Pausen weiterdiskutiert werden. Im Gegensatz zu allgemeinen Small-Talk-Situationen müssen die Beteiligten hier nicht eigene Themen finden, sondern entdecken diese beiläufig auf den Zetteln ihrer Mitstreiter.

Marcus Koch

Statistik I

Zweck: Namen einprägen

Dauer: ca. 15 Minuten

Anzahl der TN: mindestens 6, unbegrenzt

Beschreibung

Die TN stehen je nach Personenzahl und Größe des Raumes in einer Reihe oder in zwei Linien nebeneinander. Der Trainer gibt nun Sortierkriterien vor, nach denen sich die Beteiligten aufstellen sollen. So können sich die TN z. B. nach ihrer Körpergröße, nach der Reihenfolge ihres Geburtsmonats oder Geburtstages, nach ihrer Hausnummer, der Anzahl der Geschwister usw. auf- oder absteigend ordnen. Darüber müssen sich die Teilnehmer natürlich zunächst austauschen und so lange die Plätze tauschen bis die Reihenfolge stimmt. Anschließend stellt sich jeder der Reihe nach mit seinem Namen vor.

Wirkung

Dieses Kennlern-Spiel eignet sich gut, um sich Namen einzuprägen, da diese von den anderen TN mit einer weiteren Information, nämlich einer Zahl (Größe, Hausnummer), in Verbindung gebracht werden. Außerdem bringt es gleich zu Beginn Bewegung in die Gruppe.

Erich Ziegler

Statistik II

Zweck: Kennenlernen mit Bezug zum Seminar/Workshop

Dauer: ca. 15 Minuten

Anzahl der TN: unbegrenzt

Beschreibung

Der Trainer stellt Fragen an die TN, die locker im Raum verteilt stehen oder in einer Runde sitzen, und ordnet den Antworten bestimmte Bereiche des Seminarraums zu. Die Fragen können sich auf persönliche Eigenschaften oder Erfahrungen der TN beziehen – etwa: „Alle, die heute einen Anfahrtsweg von mehr als einer Stunde hatten, bitte in diese Ecke stellen." Oder sie können einen Bezug zum Seminar- oder Workshopthema aufweisen: „Alle, die im Bereich Neukundengewinnung Erfahrung haben, bitte dort aufstellen." Oder: „Alle, die sich zum ersten Mal mit dem Betriebsverfassungsgesetz beschäftigen, bitte da rüber gehen." Die jeweiligen TN gehen nun in die bezeichnete Ecke.

Wirkung

Sowohl der Trainer als auch die TN erhalten Aufschluss über die Zusammensetzung der Gruppe. Erste Gespräche entwickeln sich in dem Moment, wo Gleichgesinnte zusammenstehen, und natürlich im Anschluss, z. B. in den Pausen.

Susanne Beermann

Ich erinnere mich

Zweck: Etwas Persönliches erzählen, den anderen TN positiv gegenübertreten

Dauer: ca. 15 Minuten

Anzahl der TN: unbegrenzt

Hilfsmittel: Postkarten mit Bildmotiven, etwa Kunstwerke, Gebäude, Städte, Tiere oder Landschaften (mehr Postkarten als TN), weicher Ball

Beschreibung

Die TN sitzen im Kreis. In der Mitte auf dem Boden liegen die Postkarten. Jeder nimmt sich eine Karte, die ihn an ein schönes – möglichst positives – Erlebnis erinnert. Der Trainer wirft einem TN den Ball zu. Dieser erzählt nun seine Erfolgsgeschichte. Anschließend wirft er einem anderen den Ball zu und sagt: „Sie (falls bekannt, gleich mit Namen) erinnern mich an XY (eine Freundin, einen Kollegen), die auch so ein nettes Lächeln hat (hier eine beliebige positive Eigenschaft nennen)." Dann berichtet der Angesprochene über sein Erfolgserlebnis usw.

Wirkung

Die Beteiligten erzählen etwas von sich – meist auch noch von einem Erlebnis, das ihr Selbstwertgefühl gestärkt hat. Und sie machen einem anderen ein Kompliment. Beides hebt die Stimmung und schafft eine gute Atmosphäre.

Susanne Beermann

Wissenstest

Zweck: Aufmerksamkeit erhöhen, Bewusstsein schaffen für Überraschungen

Dauer: 2 Minuten

Anzahl der TN: 10 bis 15

Vorbereitung: Einen Wissenstest erstellen. Dieser könnte folgendermaßen aussehen:

Datum: _____

Bitte beantworten Sie folgende Fragen. Sie haben insgesamt zwei Minuten Zeit.

1   Was erfand Thomas A. Edison? _____

2   Wie hieß der erste Bundeskanzler der Bundesrepublik Deutschland? _____

3   Welches ist der 5. Kontinent der Erde? _____

4   Vervollständigen Sie die Zahlenreihe: 1 – 3 – 5 – 7 ____

5   Wie heißt der höchste Berg der Anden? _____

6   Wie viele Bundesländer hat die Bundesrepublik Deutschland? _____

7   Wann wurde Australien entdeckt? _____

8   Wie viel mg Kalium sind in 1 kg Kartoffeln enthalten? __

9   Welches wichtige Ereignis geschah 1955? _____

10 Füllen Sie nur das heutige Datum oben links aus. Alles andere können Sie sich sparen. Genießen Sie noch zwei Minuten Ruhe.

Sie können natürlich auch andere Fragen stellen. Der Fantasie sind keine Grenzen gesetzt. Je schwieriger und ausgefallener, desto besser. Einzig und allein Frage 10 muss enthalten sein!

Beschreibung

Der Seminarleiter gibt jedem Teilnehmer eine Kopie des Wissenstests und bittet ihn, den Bogen in zwei Minuten auszufüllen, ohne dabei mit den anderen Gruppenmitgliedern zu sprechen. Wer fertig ist, dreht das Blatt um. Wer den Test kennt, wird gebeten, das Blatt sofort umzudrehen.

Wirkung

Diese Übung dient einzig und allein dem Aha-Effekt. Die Kursteilnehmer werden vorsichtig: Sie hören genau hin, beobachten genauer, sehen konzentrierter zu, denn sie möchten ja sofort erkennen, wenn möglicherweise wieder eine derartige „Test"-Frage gestellt wird. Die gesteigerte Aufmerksamkeit ist Ihnen sicher.

Meine Erfahrungen mit diesem „Test" waren bis dato durchweg positiv. Die Teilnehmer konnten oft herzhaft über sich selbst lachen, wenn sie bis zum Ende angestrengt über die richtige Antwort nachdachten, während andere schon lange am Ende angekommen waren, die nötigen Einträge gemacht und den Bleistift beiseite gelegt hatten.

Monika Schubach

Wer zu spät kommt ...

Zweck: Integration von zu spät kommenden TN

Dauer: ca. 5 bis 8 Minuten

Anzahl der TN: beliebig

Beschreibung

Zu spät zu einer Veranstaltung zu kommen, das ist wohl für jeden ein bisschen peinlich. Um einem Zu-spät-Kommer die Integration in die Gruppe so einfach wie möglich zu machen, hilft folgende Übung:

Die Sitzordnung ist egal. Die anwesenden TN stellen Vermutungen über die Person des nachträglich Eintretenden an, z.B.: „Sie haben sicher einen technischen Beruf?", „Sind Sie viel auf Reisen?", „Sie sehen so aus, als wenn Sie sehr viel Verantwortung tragen müssen" usw. Der Zu-spät-Kommer hört sich die Fragen an und kann sofort Rückmeldung geben, was stimmt und was nicht. So wird er in den Kreis integriert, ohne dies recht zu merken.

Wirkung

Der Zu-spät-Kommende kann auf diese Weise einfach und spielerisch in die Gruppe aufgenommen werden.

Claudia Harrasser

Teambildung

Sie kennen das sicher: Drei Ihrer Teilnehmer kommen aus dem gleichen Unternehmen. Was passiert, wenn Sie zur „Gruppenfindung" aufrufen? Ganz klar, diese drei wollen meist eine Gruppe bilden. Um jedoch Teams und keine Grüppchen zu erhalten, ist eine willkürliche Mischung der Beteiligten besser. Nur so kann ein guter Mix aus unterschiedlichen Charakteren und Ideen entstehen. Im Folgenden finden Sie viele Möglichkeiten der Teambildung – per Zufall, inhaltlich mit Bezug zum Seminar oder über andere Gemeinsamkeiten als die Firma.

Sprichwörter

Zweck: zufällige, paarweise Teambildung, mit dem Schwerpunkt „ins Gespräch kommen"

Dauer: ca. 10 Minuten

Anzahl der TN: beliebig, gerade Zahl

Vorbereitung: Weisheiten, Aussagen von Philosophen, Bibelzitate usw. suchen, Kärtchen damit beschriften und zwar so, dass die eine Hälfte des Satzes auf der oberen Hälfte der Karte steht, die andere auf der unteren Hälfte, z.B.: „Der Apfel fällt – nicht weit vom Stamm". Die Kärtchen in der Mitte auseinanderschneiden; Hut oder Kiste.

Beschreibung

Der Seminarleiter lässt die TN je ein Kärtchen aus dem Hut oder der Kiste ziehen. Aufgabe der einzelnen TN ist es nun, die andere Hälfte ihres Sprichworts und damit einen Partner zu finden. Hierzu müssen alle mit allen kommunizieren.

Wirkung

Alle TN kommen miteinander ins Gespräch. Zusätzlich kann jeder sein Allgemeinwissen testen und Neues hinzulernen. So entstehen bisweilen interessante Gespräche, vielleicht gar philosophische Diskussionen, und die Kursteilnehmer entdecken viele Gemeinsamkeiten.

Susanne Beermann

Dosen schütteln

Zweck: zufällige, paarweise Teambildung, erhöht die Konzentration und die auditive Wahrnehmung, macht Spaß

Dauer: ca. 10 Minuten

Anzahl der TN: gerade Anzahl

Vorbereitung: kleine Dosen, z.B. Filmdosen, gefüllt mit unterschiedlichen Materialien, etwa mit Wasser, Sand, Kies, Erbsen, Mehl, Federn usw. Von jeder Sorte gibt es zwei Dosen; Hut oder Kiste.

Beschreibung

Der Seminarleiter lässt die TN je eine Filmdose ziehen. Aufgabe der TN ist es, seinen Partner über das Schütteln der Dose zu finden: Alle laufen im Raum herum und schütteln dabei ihre Dosen. Jeder muss nun genau hinhören, in welcher Dose sich vermutlich der gleiche Inhalt wie in seiner eigenen befindet – das ist dann sein Partner für die Arbeitsgruppe.

Wirkung

Diese Art der Paarbildung schult die auditive Wahrnehmung, ein Effekt, der vielleicht bei späteren Aufgaben sinnvoll sein kann. Das Spiel macht außerdem viel Spaß.

Susanne Beermann

Spielsteine

Zweck: zufällige Teambildung (zwei bis fünf TN), geht sehr schnell

Dauer: ca. 5 Minuten

Anzahl der TN: beliebig

Hilfsmittel: farbige Spielsteine (Kegel, z.B. aus dem Mensch-ärger-dich-nicht-Spiel) oder farbige Spielzeugautos, Hut oder Kiste.

Beschreibung

Jeder TN zieht einen farbigen Spielstein (oder ein Spielzeug-auto). Nun müssen sich die TN zu einer Gruppe zusammen-finden, deren Spielstein dieselbe Farbe hat. So entstehen Gruppen mit den Namen „Rot", „Blau", „Grün" usw.

Wirkung

Die verschiedenen Farben sprechen die visuelle Wahrneh-mung an und wirken lebendig. Diese Methode zur Team-bildung können Sie bei allen Seminaren einsetzen, bei denen sich Kleingruppen mit zwei bis fünf TN durch Zufall zusam-menfinden sollen.

Susanne Beermann

Bonbons

Zweck: zufällige Teambildung (größere Gruppen), geht sehr schnell

Dauer: ca. 5 Minuten

Anzahl der TN: beliebig

Hilfsmittel: Süßigkeiten, z.B. verschiedene Schokoriegel, Bonbons oder Kekse, evtl. Korb

Beschreibung

Der Trainer verteilt vor Beginn der Seminarsitzung verschiedene Schokoriegel, Bonbons und Kekse bunt gemischt auf den Plätzen. Alternativ dazu kann er die TN am Anfang diese Süßigkeiten auch aus einem Korb ziehen lassen. Aufgabe der TN ist es nun, sich entsprechend der Süßigkeiten zu Teams zusammenzufinden. So gibt es dann z.B. die Gruppe „Schokoriegel", „Bonbons" oder „Pfefferminzbonbons".

Wirkung

Die TN freuen sich über die süße Überraschung und gehen bereitwilliger eine Gruppenbildung ein, als wenn diese einfach willkürlich bestimmt wird.

Susanne Beermann

Familienfindung

Zweck: zufällige Bildung von größeren Teams, mit den Nebeneffekten Kontakt, Spaß und Bewegung

Dauer: ca. 5 Minuten

Anzahl der TN: je mehr, desto besser

Vorbereitung: kleine Namenskärtchen erstellen, die sowohl ein Familienmitglied bezeichnen (z.B. Vater, Mutter, Sohn, Tochter, Oma usw.) als auch den dazugehörigen Familiennamen enthalten. Die Namen klingen alle sehr ähnlich (z.B. Meyer, Geyer, Reier, Saier). Es heißt dann also z.B. „Oma Meyer" oder „Vater Geyer". Mit Hilfe eines Etikettenprogramms oder MS Word lassen sich die Kärtchen schnell und sauber anfertigen.

Beschreibung

In einem Hut oder einer Kiste werden Kärtchen bereitgestellt, Jeder TN zieht ein Kärtchen, das er niemandem zeigen darf. Die TN verteilen sich großzügig im Raum, und auf das Kommando des Trainers hin rufen alle laut ihre Familiennamen und versuchen, schnellstmöglich die anderen Familienmitglieder zu finden.

Der Witz bei dieser Übung ist, dass alle Familiennamen sehr ähnlich sind und im Getöse der Übung nicht gleich erkannt werden können. Wenn sich die Familien gefunden haben, bilden sie ein neues Team für den nächsten Arbeitsauftrag des Seminars oder Workshops.

Variante: Um die Familienfindung weniger geräuschvoll zu gestalten, dürfen die Kärtchen gezeigt werden.

Wirkung

Dadurch, dass sich die Teammitglieder der neuen Arbeitsgruppe quasi zufällig finden und das Ganze recht fröhlich abläuft, ist das Gruppengefühl für die anstehende Zusammenarbeit entsprechend gut. Der Überraschungsmoment („Ups, die Namen sind fast gleich!") wird stets mit viel Gelächter begleitet, was die Stimmung hebt. Durch das schnelle Herumlaufen im Raum kommt es außerdem zu einem deutlichen Energieschub, der sich für die folgende Arbeit kreativ nutzen lässt.

Marcus Koch

Puzzle

Zweck: zufällige Teambildung (größere Gruppen), mit dem Scherpunkt Herstellung eines Gruppengefühls

Dauer: ca. 10 Minuten

Anzahl der TN: beliebig

Vorbereitung: Postkarten mit Bildmotiven in mehrere, etwa gleich große Teile schneiden (so viele Karten wie Gruppen vorgesehen; so viele Teile wie Gruppenmitglieder, z.B. vier Teile bei Viergruppen), Hut oder Kiste

Beschreibung

Der Kursleiter legt die Puzzleteile in einen Hut oder eine Kiste. Jeder TN zieht ein Teil und versucht, die Personen zu finden, die zu seinem Stück passen. Haben sich die zusammengehörenden Personen gefunden, fügen sie ihre Bruchstücke zu einem kompletten Bild zusammen und arbeiten anschließend als Team.

Wirkung

Da die TN nicht wissen, wer die Teile hat, die zu ihrem Stück passen, muss jeder mit jedem kommunizieren. Des Weiteren lösen die Gruppen durch Zusammenlegen der Teile die erste gemeinsame Aufgabe – in Teamarbeit! Dabei wird auch die visuelle Wahrnehmung geschult. Jede Gruppe, die sich gefunden hat, kann dann beispielsweise ihren Gruppennamen aus ihrem Bildmotiv ableiten.

Susanne Beermann

Filmteams

Zweck: Teambildung (größere Gruppen) über Gespräche, Entdeckung von Gemeinsamkeiten

Dauer: ca. 10 Minuten

Anzahl der TN: beliebig

Vorbereitung: kleine Karten mit Informationen zu Kinofilmen gestalten; so viele Filme, wie Gruppen entstehen sollen; pro Film entspricht die Kärtchenanzahl der Teamgröße, z.B. bei insgesamt 15 Teilnehmern und 3 Teams: 3 Filme à 5 Kärtchen. Die Karten, die zu einem Film gehören, enthalten z.B.

- auf der ersten Karte Informationen über Schauspieler des Films (am besten ein Foto aus einer Illustrierten),
- auf der zweiten das Thema,
- auf der dritten eine kurze Beschreibung der Handlung,
- auf der vierten das Land,
- auf der fünften den Regisseur.

Wichtig: Doppelungen vermeiden, z.B. Schauspieler, die in mehreren verwendeten Filmen mitspielen.

Beschreibung

Jeder TN zieht eine Karte. Dann finden sich die „Filmteams" zusammen, indem sich die TN gegenseitig ihre Karten zeigen und überlegen, ob sie zusammengehören.

Wirkung

Jeder muss mit jedem sprechen. Dabei ergeben sich interessante Gespräche, z.B. beim Austausch von Erinnerungen an einen Film.

Susanne Beermann

Gruppendynamik

Eine Arbeitsgruppe besteht zunächst aus vielen Einzelnen, die zueinander finden müssen, damit die Kooperation klappt. Die Gruppendynamiker sprechen vom „Aneinander-angeschlossen-Sein". Dass dies gar nicht so einfach ist, haben Sie bestimmt schon des Öfteren erlebt. Unterschiedliche Charaktere, Voraussetzungen, Wünsche und Ziele der Teilnehmer machen die gemeinsame Arbeit häufig zu einem schwierigen Unterfangen. Die richtigen Spiele können hier eine wertvolle Hilfe sein.

Rutschen

Zweck: Stärkung des Zusammengehörigkeitsgefühls, relativ intensiver Körperkontakt (deshalb nur bei Gruppen, die keine Berührungsängste haben, bzw. sich schon etwas kennen)

Dauer: 10 bis 15 Minuten

Anzahl der TN: ab 6

Beschreibung

Die TN sitzen in einem geschlossenen Stuhlkreis – der Trainer spielt mit. Er beginnt das Spiel, indem er bestimmte Vorgaben macht, wie: „Rutschen Sie nach rechts, wenn Sie ein Haustier haben." Alle TN, die ein Haustier besitzen, rutschen nun einen Stuhl nach rechts; hierbei kann es passieren, dass ein TN (eben jemand, der kein Haustier hat) sitzen bleiben muss und somit ein Nachbar auf dessen Schoß (oder auch nur auf die Knie) zu sitzen kommt. Das Schoßstapeln kann beginnen!

Der Trainer gibt nun weitere Anweisungen, nach denen die Betroffenen einen oder (nach Ankündigung) mehrere Plätze nach links oder rechts rutschen. Dabei lassen sich auch Bezüge zum Kursthema herstellen, etwa die Erfahrungen der Teilnehmer mit dem Thema erfragen: „Rutschen Sie nach rechts, wenn Sie schon einmal mit InDesign gearbeitet haben." Je nach Zeit und Lust und Laune sind mehrere Runden denkbar.

Sollte der Trainer bei seiner Gruppe nicht ganz sicher sein, ob der nahe Körperkontakt günstig ist, hier eine Variante:

Die TN stehen im Kreis, der Stuhl wird durch ein DIN-A4-Blatt ersetzt, das alle mit mindestens einem Schuh berühren müssen. Ansonsten läuft das Spiel wie oben beschrieben ab, statt zu rutschen gehen die TN jeweils einen Schritt nach rechts. Auch so kommen sich die TN in spaßiger und gelöster Atmosphäre ein wenig näher, ohne dass die persönliche Komfortzone zu sehr überschritten wird.

Tipp: Im Fremdsprachenunterricht kann diese Übung zum Hörverständnis genutzt werden, z.B. für „present perfect": „Move to the right in case you have never eaten sushi."

Wirkung

Es ist leicht vorstellbar, dass diese Übung viel Spaß in den Seminarraum bringen kann und das Gruppengefühl durch gemeinsames Lachen und viel Bewegung stärkt. Die Körperlichkeit bringt die TN in aller Regel einander näher. Prüfen Sie aber sicherheitshalber als Kursleiter vorher, ob die TN keine Berührungsängste voreinander haben.

Marcus Koch

Ich mach das, was machst du?

Zweck: spielerisch eine gemeinsame Aufgabe lösen

Dauer: maximal 30 Minuten

Anzahl der TN: maximal 10 bis 12

Beschreibung

Alle TN stehen im Kreis und schauen in die Mitte. Der Kursleiter nennt seinen Vornamen und macht dazu eine Bewegung
(z.B. Klatschen). Er wiederholt seinen Namen und wendet sich
an den Kursteilnehmer zu seiner Rechten. Dieser wiederholt
den Vornamen des Kursleiters und die dazugehörige Bewegung noch einmal, nennt seinen eigenen Vornamen und
macht eine andere Bewegung (z.B. Aufstampfen). Dann wendet er sich an seinen Nachbarn. So geht es von einem zum
anderen, bis alle an der Reihe waren. Wenn das Spiel ins
Stocken gerät, was manchmal – je nach Gruppengröße –
passieren kann, helfen alle zusammen, um den Faden wieder-
aufzunehmen.

Wirkung

Die Gruppe lernt, gemeinsam eine Aufgabe zu bewältigen. Wir
haben das Spiel schon häufig mehrmals hintereinander gespielt, weil die TN nicht aufhören wollten, bevor nicht alles
„perfekt" war. Das Spiel ist also auch ein Mittel, um den
Ehrgeiz des Teams zu fördern – und so die perfekte Vorbereitung auf die nachfolgende gemeinsame Arbeit.

Monika Schubach

Über das ganze Jahr

Zweck: Einstellen der Gruppenmitglieder aufeinander, Einüben von subtiler Kommunikation, gemeinsame Zielorientierung

Dauer: ca. 10 Minuten

Anzahl der TN: ca. 10 bis 12

Beschreibung

Die TN stehen im Kreis. Die gesamte Gruppe soll die Monate von Januar bis Dezember und wieder zurück aufzählen. Der erste sagt „Januar", ein anderer „Februar" usw. Diese Aufzählung geht allerdings nicht reihum, beispielsweise im Uhrzeigersinn, sondern ungeordnet. Die Reihenfolge ergibt sich also von selbst durch die Aktivität der Sprecher. Natürlich lässt es sich dadurch nicht vermeiden, dass ab und zu zwei oder mehrere Sprecher gleichzeitig rufen, also den gleichen Monatsnamen nennen. In diesem Fall muss die Gruppe von vorne beginnen.

Varianten: Aufzählen der Wochentage, Zählen von 1 bis x, Buchstabieren des Alphabets usw.

Das Spiel sollte so lange gespielt werden, bis die Gruppe gemeinsam das gesetzte Ziel erreicht hat.

Wirkung

Konzentration und subtile Kommunikation unter den Teilnehmern stehen hier im Vordergrund. Jeder muss exakt auf die anderen achten, muss sehen, wenn einer zum Sprechen ansetzt, muss beobachten, wann er „etwas sagen darf". Dies erfordert ein hohes Maß an Konzentration, Beobachtungsgabe und Einfühlung in den anderen.

Monika Schubach

Fantasie der Buchstaben

Zweck: Gruppenzusammenhalt von Kleingruppen durch das Lösen einer gemeinsamen Aufgabe, Kreativität

Dauer: ca. 30 Minuten

Anzahl der TN: unbegrenzt, aufgeteilt in Kleingruppen à 3 Personen

Hilfsmittel: pro Gruppe ein DIN-A3-Blatt

Beschreibung

Je eine Gruppe arbeitet an einem Tisch.

Jedes Mitglied einer Kleingruppe schreibt die Buchstaben seines Vornamens (Druckbuchstaben) untereinander auf ein DIN-A3-Blatt. Die Buchstaben jedes Namens sollen den Anfang von Wörtern bilden, die zusammen einen sinnvollen Satz ergeben. Die Gruppenmitglieder tüfteln gemeinsam an den drei Sätzen.

Beispiel:

M	=	Mein
O	=	Onkel
N	=	Norbert
I	=	ist
K	=	kein
A	=	Architekt

Steigerung: Die drei Vornamen der Gruppenmitglieder stehen direkt untereinander und alle drei zusammen müssen einen sinnvollen Satz ergeben.

Am Ende des Spiels können dann alle Seminarteilnehmer die Beispielsätze der Gruppen beurteilen. Wer den schönsten Satz kreiert hat, erhält vielleicht vom Trainer ein kleines Geschenk.

Wirkung

Die Mitglieder der Kleingruppen lernen, miteinander zu arbeiten, und versuchen, gemeinsam zu einem guten Ergebnis zu kommen. Das Spiel fördert so den Zusammenhalt, die Kreativität einzelner kommt dabei zum Tragen.

Monika Schubach

Plakat

Zweck: Identifikation mit der Arbeitsgruppe, gemeinsames Lösen einer Aufgabe, Kennenlernen, Präsentieren

Dauer: ca. 30 Minuten

Anzahl der TN: unbegrenzt, Kleingruppen à 3 bis 4 Personen

Hilfsmittel: pro Gruppe 1 DIN-A2-Karton oder 1 Bogen Flipchart-Papier und farbige Stifte

Beschreibung

Die Gruppenbildung erfolgt idealerweise mit einer Methode aus dem Kapitel „Teambildung". Je eine Gruppe arbeitet an einem Tisch.

Jedes Team soll nun ein Gruppenplakat erstellen. Dazu erhält es einen Bogen Flipchart-Papier oder einen DIN-A2-Karton und unterteilt diesen in so viele Felder, wie Gruppenmitglieder anwesend sind, sowie ein zusätzliches Feld in der Mitte.

Im mittleren Feld sollen die Teammitglieder gemeinsame Eigenschaften und Interessen eintragen, etwa gemeinsame Erfahrungen mit dem Seminarthema, Hobbys oder Vorlieben. Die Eintragungen können auch visuell dargestellt sein, also durch kleine Zeichnungen. Der Fantasie sind keine Grenzen gesetzt. Dieses Feld zeigt dann, was die Gruppe verbindet.

Die darum herumgruppierten Felder präsentieren jeden Einzelnen. Hier darf jeder TN aufschreiben, was ihn besonders auszeichnet, und dies wiederum mit Zeichnungen visualisieren. Ein Beispiel zeigt die folgende Skizze.

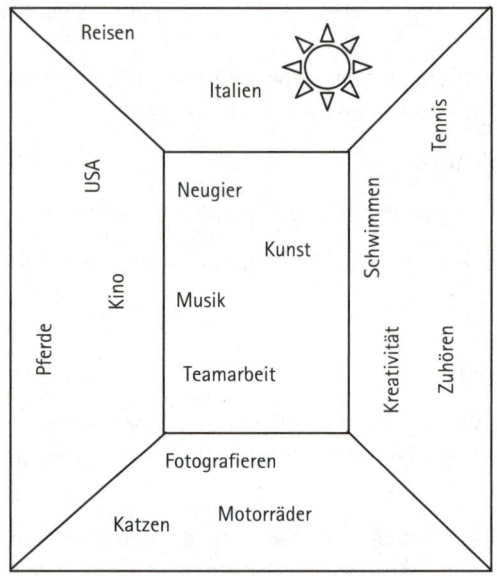

Haben alle Gruppen ihr Plakat fertig gestellt, darf jeweils ein Teammitglied dieses präsentieren. Alternativ dazu können auch alle TN einer Gruppe einander gegenseitig vorstellen und sich dann zusammenfassend als Team präsentieren.

Wirkung

Die Mitglieder jeder Gruppe lernen sich einerseits untereinander gut kennen, andererseits erfahren sie, wie sie miteinander arbeiten und zu einem gemeinsamen Ergebnis kommen können.

Durch das Erstellen des Plakats, auf dem jeder seinen Bereich individuell gestalten kann, auf der anderen Seite aber auch jeder mit den anderen kooperiert, entsteht eine hohe Identifikation mit dem Team und dadurch wiederum eine gute Motivation für die gemeinsame Arbeit.

Zudem erfordert das Visualisieren viel Kreativität. Schöner Nebeneffekt: Die TN, die präsentieren, können das Sprechen vor einer größeren Gruppe trainieren und erhalten, soweit erwünscht, von den Zuhörern Feedback (Plakatausführung, Vortragsweise, Stimme, Körperhaltung, Blickkontakt usw.).

Susanne Beermann

Zweibeiniger Stuhl

Zweck: gemeinsames Lösen einer Aufgabe durch Bewegung und Koordination der Bewegungen in der Gruppe

Dauer: ca. 10 Minuten

Anzahl der TN: beliebig

Hilfsmittel: pro TN ein Stuhl

Beschreibung

Die TN stehen hinter ihrem Stuhl in einem Kreis und blicken gegen den Uhrzeigersinn. Jeder TN kippt seinen Stuhl mit der linken Hand leicht zu sich hin, sodass nur die hinteren zwei Stuhlbeine auf dem Boden stehen. Ziel jedes TN ist es, einmal gegen den Uhrzeigersinn von Stuhl zu Stuhl zu laufen und schließlich wieder bei seinem eigenen Stuhl anzukommen. Dabei darf kein Stuhl umfallen oder vorne den Boden berühren. Die Stühle dürfen nur mit der linken Hand berührt werden. Passiert ein Fehler, müssen alle TN wieder zurück zu ihrem Ausgangsstuhl.

Wirkung

Die Aufgabe gelingt nur, wenn sich alle TN über Vorgehensweise und Taktik verständigen und die Bewegungen miteinander koordinieren. Es können Konflikte auftreten, wenn etwa einer seinen Fehler vertuschen will, um die Gruppe nicht gegen sich zu aufzubringen. Es kann aber auch ein richtiges Team entstehen.

Susanne Beermann

Aktivierung

Haben Sie manchmal das Gefühl, dass die Teilnehmer durch Sie hindurchschauen? Und haben Sie auch schon einmal gedacht: Oh je, da fängt ja einer schon an zu gähnen!

Viele Seminar- oder Workshopleiter fürchten diese Situation, denn jetzt gilt es, die Teilnehmer zu aktivieren. Bringen Sie doch einfach ein bisschen Bewegung in die Gruppe, im wahrsten Sinne des Wortes. Auch bei einem längeren Meeting, das etwas stockt, können diese Spiele sehr belebend wirken.

Meteoritenhagel

Zweck: Aktivierung von Körper und Gehirn, Lösung von Blockaden

Dauer: ca. 10 Minuten

Anzahl der TN: 4 bis 12

Hilfsmittel: Bälle, idealerweise Koosh-Bälle (das sind besondere Bälle, die aus bunten Gummifäden bestehen. Bezugsmöglichkeiten finden Sie im Abschnitt „Adressen für den Bezug von Hilfsmitteln".)

Beschreibung

Variante 1 (leicht): Die TN stehen im Kreis. Ein Ball wird zunächst in einer willkürlichen Reihenfolge von Spieler zu Spieler geworfen. Jeder muss sich merken, von wem er den Ball erhalten hat (Absender) und an wen er den Ball weitergegeben hat (Empfänger). Das wird noch mal in zwei Proberunden ausprobiert. Nun folgen mehrere Durchläufe, bei denen das Tempo zunehmend gesteigert werden kann.

Variante 2 (mittel): Sobald sich der Weg des Balls „gefestigt" hat, kann ein zweiter, dritter oder vierter Ball ins Spiel gebracht werden (siehe Skizze auf der nächsten Seite).

Variante 3 (schwer): Während der Ball oder gar mehrere Bälle in die „gewohnte" Richtung geht/gehen, wird gleichzeitig ein Glas Wasser von TN zu TN gereicht. Das mag schwierig klingen, funktioniert aber tatsächlich. Alternativ oder auch zusätzlich können die TN hinter ihrem Rücken ein Seidentuch im Uhrzeigersinn weiterreichen.

Bei schönem Wetter kann die Übung im Freien durchgeführt werden.

Wirkung

Indem sie sich bewegen, können die TN die vom vielen Sitzen angespannten Muskeln lockern und Sauerstoff tanken. Die Konzentration auf die Fragen, die sich jeder TN unbewusst stellt „Woher kam der Ball?" und „Wohin geht der Ball" aktiviert automatisch beide Gehirnhälften. Eventuell vorhandene Lern- und Aufnahmeblockaden können gelöst werden.

Susanne Beermann und Monika Schubach

Spiegeln

Zweck: Energieaufbau, besonders geeignet, wenn sich Zweierteams innerhalb einer Gruppe aufeinander einstellen sollen

Dauer: ca. 10 Minuten

Anzahl der TN: unbegrenzt, gerade Anzahl

Hilfsmittel: evtl. Musik im Hintergrund: ruhige Musik zur Konzentration oder rhythmische Musik zum Energieaufbau

Beschreibung

Die TN stehen sich paarweise gegenüber. Bei jedem Paar übernimmt einer die Rolle des Spiegels, der andere bleibt Mensch. Nun beginnt der Mensch, sich im Spiegel zu betrachten, sich zu kämmen, seine Kleidung zu richten. Der Spiegel versucht, ein perfektes Spiegelbild abzugeben, d.h. die Bewegungen nachzumachen. Nach einigen Minuten werden die Rollen getauscht.

Variante für den Fremdsprachenunterricht: Der Trainer macht Vorgaben zum Einüben/Festigen von Verb-Substantiv-Kollokationen, d.h. Wortpaaren, die relativ häufig vorkommen (z.B. ein Essen vorbereiten, die Zähne putzen, das Haar kämmen); die TN setzen diese pantomimisch um.

Wirkung

Die Partner müssen sich gut aufeinander einstellen, was zu konzentriertem Energieaufbau führt.

Marcus Koch

Berg und Tal

Zweck: körperliche Bewegung, Anregung der Fantasie

Dauer: ca. 15 Minuten

Anzahl der TN: unbegrenzt

Vorbereitung: eine Geschichte ausdenken, in der viele Menschen sich auf einer großen Wanderung befinden, es sollten die Wörter „Berg" und „Tal" vorkommen.

Beschreibung

Der Trainer beginnt, die Geschichte zu erzählen. Die TN stehen im Raum verteilt und führen die Bewegungen, die der Kursleiter erwähnt, aus, z. B. über eine Brücke gehen, einige Stufen hochsteigen, Picknick machen usw. Fällt das Wort „Berg", müssen alle TN so schnell wie möglich auf eine höhere Ebene kommen, z. B. einen Stuhl besteigen oder auf einen Tisch klettern. Wer zuletzt auf dem Boden stehen bleibt, erzählt die Geschichte weiter. Beim Wort „Tal" müssen alle sich auf den Boden setzen. Wer zuletzt sitzt, darf nun die Geschichte fortsetzen.

Wirkung

Diese Übung verbindet körperliche Aktivität und Fantasie. Nebenbei erfahren die TN, dass jeder Erzählende in der Lage ist, durch seine eigene Kreativität eine gewisse Zeit lang eine Gruppe zu führen.

Susanne Beermann

Kalimba de Luna

Zweck: körperliche Bewegung, Koordination der Bewegung, mit Körperkontakt

Dauer: ca. 10 Minuten

Anzahl der TN: unbegrenzt

Hilfsmittel: „Kalimba de Luna" von Tony Esposito oder eine andere rhythmische Musik

Beschreibung

Die TN stehen im Kreis. Der Trainer führt zum Rhythmus der Musik die Bewegungen vor, alle machen es ihm nach:

- rechte Hand vor und winken
- linke Hand vor und winken
- rechte Hand an linke Wange
- linke Hand an rechte Wange
- rechte Hand an Schulter des linken Nachbarn
- linke Hand an Schulter des rechten Nachbarn
- rechte Hand an Hüfte des linken Nachbarn
- linke Hand an Hüfte des rechten Nachbarn
- rechte Hand an Knie des linken Nachbarn
- linke Hand an Knie des rechten Nachbarn
- rechte Hand an Knöchel des linken Nachbarn
- linke Hand an Knöchel des rechten Nachbarn

Natürlich alles im Takt der Musik! Anschließend beginnt das Ganze wieder von vorne – so viele Runden, wie Sie mögen.

Wirkung

Der Kreislauf wird angeregt, eventuell vorhandene Aufnahmeblockaden lösen sich so, beide Gehirnhälften werden durch die Konzentration auf die richtige Reihenfolge der einzelnen Bewegungen aktiviert – und nicht zuletzt: Es wird sehr viel gelacht, was die Gruppe einander näher bringt und entspannt.

Marcus Koch

Pflaumen pflücken

Zweck: körperliche Bewegung, kein Körperkontakt

Dauer: ca. 10 Minuten

Anzahl der TN: unbegrenzt

Hilfsmittel: schwungvolle Musik (zum Beispiel aus dem Soundtrack von „Jenseits der Stille": Lied 11, „Roter Salon")

Beschreibung

Die TN stehen im Kreis, die Füße schulterbreit auseinander. Der Kursleiter fordert die TN auf, sich einen Pflaumenbaum voller Früchte vorzustellen. Im Rhythmus der Musik zeigt er, wie das Pflaumenpflücken geht, und die TN machen es ihm nach:

- zweimal oben rechts
- zweimal oben links
- zweimal unten rechts
- zweimal unten links

Bei der Fülle der Pflaumen wurden jedoch einige Früchte übersehen, von daher noch mal von vorn:

- einmal oben rechts
- einmal oben links
- einmal unten rechts
- einmal unten links

Anschließend schlagen sich alle voller Freude über die reiche Ernte mit der rechten Hand auf den linken Schenkel, dann mit der linken Hand auf den rechten Schenkel, schließlich mit beiden Händen auf die Pobacken und klatschen einmal mit den Händen, bevor es in die nächste Pflückrunde geht, also: zweimal oben rechts usw.

Wirkung

Der Kreislauf kommt in Schwung, Blockaden werden gelöst, das Gehirn wird angeregt.

Marcus Koch

Schnippen und Klatschen

Zweck: leichte, körperliche Bewegung, Konzentration, Gemeinschaftserlebnis

Dauer: ca. 10 Minuten

Anzahl der TN: beliebig

Beschreibung

Die TN sitzen in einem Stuhlkreis oder -halbkreis. Ein TN beginnt zu zählen, sagt also 1, der nächste TN macht weiter mit 2 usw. Jeder merkt sich seine Zahl. Danach sollen alle gleichzeitig folgende Bewegungen machen (Proberunde):

- mit beiden Händen auf die Oberschenkel klatschen
- mit der rechten Hand schnippen
- mit der linken Hand schnippen
- mit beiden Händen auf die Oberschenkel klatschen

usw.

Wenn der Bewegungsablauf sitzt, beginnt das eigentliche Spiel: Alle klatschen sich auf die Oberschenkel. Ein TN nennt beim ersten Schnippen (rechte Hand) seine eigene Zahl, beim zweiten Schnippen (linke Hand) eine beliebige Zahl, die ein anderer TN in der Gruppe hat. Jetzt ist dieser an der Reihe und sagt seine eigene Zahl beim ersten Schnippen, eine beliebige Zahl beim zweiten Schnippen. Alle TN klatschen und schnippen im selben Rhythmus mit.

Kommt ein TN durcheinander, muss er selbst wieder reinfinden oder – alternativ – das Spiel beginnt von vorn. Achten Sie darauf, dass das das Spiel nicht unterbrochen wird, wenn einem der TN ein Fehler unterläuft. Dies könnte nämlich von der Gruppe als „Kollektivstrafe" empfunden werden und demotivierend wirken.

Das Ganze geht einige Runden lang, mindestens so lange, bis jeder TN einmal dran war.

Wirkung

Bei diesem Spiel werden rechte und linke Gehirnhälfte trainiert. Es eignet sich sehr gut, um TN in einer müden Phase „aufzuwecken". Ein guter Zeitpunkt hierfür ist nach einer Pause.

Susanne Beermann

Tante Jo

Zweck: leichte Bewegung, Spaß, Konzentration

Dauer: ca. 20 Minuten

Anzahl der TN: beliebig

Beschreibung

Die TN sitzen in einem Stuhlkreis. Der Spielleiter fragt seinen rechten Stuhlnachbarn: „Kennen Sie Tante Jo?" Dieser verneint. Der Trainer sagt darauf: „Tante Jo macht immer so!" und hebt dabei drohend den rechten Zeigefinger. Der Nachbar gibt die Frage nach rechts weiter, dieser TN fragt wiederum seinen rechten Nachbarn usw., bis die Frage wieder beim Kursleiter angelangt ist. Jetzt verrät der Trainer eine weitere Eigenart von Tante Jo, z.B. Augenzwinkern. Er hebt also bei dem Satz „Tante Jo macht immer so" gleichzeitig den Zeigefinger und zwinkert mit den Augen. Bei jeder Runde kommt eine Bewegung hinzu, z.B. Lippenschürzen, Naserümpfen oder Kopfschütteln. Jedes Mal werden die vorhergehenden Eigenarten wiederholt. Zum Schluss sitzt die Gruppe nickend, wippend, zappelnd und natürlich lachend in der Runde.

Wirkung

Dieses Spiel sorgt durch viele unterschiedliche lustige Bewegungen für Lockerheit und Heiterkeit, fördert jedoch gleichzeitig die Konzentration.

Susanne Beermann

Keine Angst vor Mäusen

Zweck: kurze, schnelle Aktivierung, z.B. zwischen Themen-blöcken

Dauer: ca. 2 bis 3 Minuten

Anzahl der TN: beliebig

Beschreibung

Die TN stehen im Kreis. Der Kursleiter wendet sich seinem linken Nachbarn zu, schaut ihn an und klatscht in die Hände. Dieser wendet sich wiederum an seinen linken Nachbarn und macht das Gleiche usw. Bei jeder Runde erhöht man die Geschwindigkeit.

In der dritten oder vierten Runde bringt der Kursleiter zusätz-lich eine „Maus" ins Spiel. Vor Mäusen haben die meisten Menschen Angst; daher springen sie mit einem Lauten „Ihhh" in die Luft.

Der Seminarleiter wendet sich seinem linken Nachbarn zu, schaut ihn an, klatscht zunächst in die Hände, schreit „Ihhh" und springt dabei mit beiden Beinen in die Luft. Der Ange-sprochene wendet sich wiederum an seinen linken Nachbarn und macht das Gleiche usw.

Variante: Noch mehr Konzentration und Aktivität wird von den einzelnen TN gefordert, wenn das Klatschen und Springen getrennt voneinander weitergegeben werden. Das bedeutet, ein TN oder der Seminarleiter beginnt mit dem Klatschen und

ein anderer, möglichst ihm gegenüberstehender TN bringt die
Maus ins Spiel.

Wirkung

Diese Übung fördert die Konzentration und baut Energie auf.
Sie bietet sich am Ende von thematischen Blöcken an, um die
TN fit zu machen für das Folgende. Egal, welche Variante Sie
wählen, nach fünf bis sechs Runden sind alle Teilnehmer
wieder wach und aufnahmefähig.

Monika Schubach

Konzentration

Ausdauersport führt dem Körper vermehrt Sauerstoff zu und fördert dadurch die Konzentrationsfähigkeit. Leider haben wir während einer Konferenz oder in einem Seminar nicht die Zeit für sportliche Aktivitäten. Wir müssen also zu anderen Mitteln greifen. Übungen und Spiele, die mit Bewegung und gezielter Aktivierung des Gehirns verbunden sind, steigern die Konzentrationsfähigkeit der Teilnehmer. Und darüber hinaus machen sie auch noch Spaß!

Ballonfahrt

Zweck: Konzentration, Aktivierung des Gehirns

Dauer: ca. 10 Minuten

Anzahl der TN: mindestens 6, nach oben unbegrenzt

Hilfsmittel: zwei Luftballons oder leichte Papierbälle

Beschreibung

Die TN stehen im Schulterschluss im Kreis und halten die Hände auf Brusthöhe nach innen. Die Handflächen zeigen nach oben. Ein kleiner Papierball oder Luftballon wird nun auf diese Händestraße geschickt und vorsichtig von Hand zu Hand weitergereicht. Wenn Sie einige Runden „gefahren" sind, wechseln Sie einmal die Richtung. Witzig wird es dann, wenn ein zweiter Ball ins Spiel kommt. Nun können die Bälle entweder in entgegengesetzte Richtungen laufen oder ein Ball versucht – bei gleicher Laufrichtung –, den anderen einzuholen. Nach der letzten Spielrunde schütteln alle TN ihre Arme aus.

Wirkung

Beide Gehirnhälften werden durch die Konzentration auf die unterschiedlichen Aufgabenstellungen angeregt. Die Übung fördert die Gruppenzusammengehörigkeit insofern, dass kein TN alleine das Ziel erreichen kann. Es bedarf der Abstimmung untereinander.

Marcus Koch

Ballontreiben

Zweck: Bewegung mit Lern- oder Brainstorming-Effekt

Dauer: ca. 10 Minuten oder länger

Anzahl der TN: mindestens 4

Hilfsmittel: Luftballons

Beschreibung

Die Gruppe steht im Kreis. Nun wird ein Ballon mit dem Zeigefinger im oder gegen den Uhrzeigersinn herumgestupst – aber nicht „brav" der Reihe der TN nach, sondern kreuz und quer. Jeder TN, der den Ball berührt, muss zusätzlich aktiv werden: Etwa sagt die Gruppe das Alphabet oder unregelmäßige Verben auf (Fremdsprachen-Unterricht) oder alle „brainstormen" zu einem Thema des Seminars oder Meetings usw. Die Einsatzmöglichkeiten sind unbegrenzt.

Wirkung

Dieses Spiel kann immer nach einer längeren rezeptiven Phase eingesetzt werden, wenn deutlich wird, dass sich die Kursteilnehmer oder Zuhörer nicht mehr richtig konzentrieren können. Diese Übung wird vor allem von kinästhetischen Lernern gerne angenommen, also Personen, die neues Wissen am besten über und mit Bewegung aufnehmen. Gleichzeitig festigt das Spiel neue Inhalte, Lösungen werden spielerisch „erarbeitet". Es bringt auf jeden Fall jede Menge Spaß und Bewegung in den Seminarraum.

Marcus Koch

Ich sitze im Garten

Zweck: Konzentration

Dauer: ca. 12 Minuten

Anzahl der TN: 6 bis 18

Beschreibung

Die Gruppe sitzt im Kreis, der Stuhl links neben dem Trainer ist frei. Dieser setzt sich auf den freien Platz und sagt: „Ich sitze –" Der ursprünglich rechts neben dem Kursleiter sitzende TN rückt nach und sagt z. B. „im Garten". Der dritte TN (Nachbar des zweiten) rückt auf und vervollständigt den Satz, etwa mit: „und warte auf Sabine (Name eines Gruppenmitglieds)". Dieser TN steht auf und setzt sich auf den freien Stuhl (siehe Skizze). Dadurch, dass der gerufene TN aufsteht, wird ein neuer Platz frei. Die Nachbarn rechts und links des freien Stuhls versuchen nun schnell, diesen zu besetzen. Wer zuerst auf diesem Stuhl sitzt, beginnt wieder mit: „Ich sitze" und zieht seine beiden Nachbarn mit sich, so dass das Spiel von vorne beginnt. Ort und Person wechseln dann natürlich („ich sitze ... auf dem Marktplatz ... und warte auf Edwin").

In aller Regel bedarf es einiger Runden, bis die TN den Ablauf des Spiels gut begriffen haben; sobald das jedoch passiert ist, gewinnt das Spiel an Geschwindigkeit.

Wirkung

Das Spiel fördert die Konzentration und energetisiert. Es ist außerdem gut geeignet, um bei Beginn eines Seminars die Namen zu festigen. Und nicht zuletzt ist natürlich der Spaßfaktor ist garantiert.

Marcus Koch

Hallo-Klatscher

Zweck: leichte Bewegung, Konzentration auf die Koordination von Bewegungen und Sprache

Dauer: ca. 15 Minuten

Anzahl der TN: gerade Zahl, idealerweise durch 4 teilbar

Beschreibung

Die TN stehen sich paarweise gegenüber. Folgendes Klatschmuster sollen sie sich einprägen:

- zweimal auf die Oberschenkel klopfen (= Teil A)
- zweimal in die Hände klatschen (= Teil B)
- zweimal sich die Hände geben und schütteln und dabei HAL-LO sagen (= Teil C)
- zweimal mit den Füßen stampfen (= Teil D)

Das Tempo bestimmen die TN selbst; es empfiehlt sich, etwas langsamer zu beginnen, in aller Regel wird das Tempo dann von alleine deutlich schneller. Wenn der Rhythmus gut eingeübt ist, stellen sich die Paare in Vierergruppen im Kreis zusammen, wobei sich die ursprünglichen Paare immer kreuzweise gegenüberstehen. Das erste Paar beginnt mit Teil A und Teil B. Sind sie bei Teil C angekommen, steigt das zweite Paar mit Teil A ein. Das Prinzip ist also das eines Kanons bzw. einer Fuge (Musik), siehe die Übersicht der parallel laufenden Teile auf der nächsten Seite. Variante: Ersetzen Sie das HAL-LO durch andere zweisilbige Begrüßungsformeln (Bon-jour, ho-la usw).

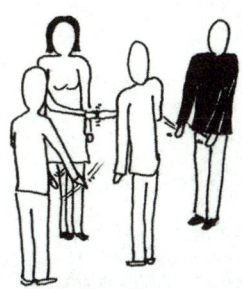

Paar 1	Paar 2
A: Oberschenkel	
B: Klatschen	
C: Hallo	A: Oberschenkel
D: Stampfen	B: Klatschen
A: Oberschenkel	C: Hallo
B: Klatschen	D: Stampfen
C: Hallo	A: Oberschenkel
D: Stampfen	B: Klatschen
usw.	usw.

Wirkung

Beide Gehirnhälften werden durch die Konzentration auf die richtige Reihenfolge der einzelnen Bewegungen trainiert. Das Spiel regt den Kreislauf an, die Bewegung sorgt für eine gute Sauerstoffzufuhr. Die Übung macht Spaß, erfrischt die TN und schafft eine aufgelockerte Atmosphäre.

Marcus Koch

1– 2 – 3

Zweck: hohe Konzentration, Spaß

Dauer: ca. 10 Minuten

Anzahl der TN: gerade Zahl, unbegrenzt

Beschreibung

1   Die TN stehen sich paarweise gegenüber und zählen immer abwechselnd von 1 bis 3.

2   Nun wird die 1 beim Zählen durch eine lustige Körperbewegung ersetzt, die die Paare selbst bestimmen (z. B. in die Hände klatschen). Jedes Paar entscheidet sich für eine eigene Bewegung. Der Ablauf ist jetzt folgender: Bewegung – 2 – 3; Bewegung – 2 – 3.

3   Schließlich werden auch die Zahlen 2 und 3 sukzessive durch eine Bewegung ersetzt (z. B. für die 2 den rechten Fuß hochheben, für die 3 einen Hampelmannsprung), so dass die gesamte Übung am Ende nonverbal abläuft und riesigen Spaß macht

Wirkung

Es ist verblüffend, welch hohe Konzentration diese Übung verlangt. Zwangsläufig kommt es natürlich zu Fehlern, die aber durch gemeinsames Lachen eine gute Energie in die Gruppe bringen. Die lustigen Bewegungen sind vor allem für kinästhetische Lerner eine gute Abwechslung.

Marcus Koch

Danach ist alles anders!

Zweck: Steigerung der visuellen Wahrnehmung

Dauer: ca. 10 Minuten

Anzahl der TN: maximal 20

Hilfsmittel: Stoppuhr

Beschreibung

Die Gruppe wird in zwei Hälften geteilt, die sich in zwei Reihen mit ca. zwei Meter Abstand gegenüber stellen. Jeder hat ein Gegenüber in der anderen Reihe. Jeder hat nun eine Minute Zeit, seinen Partner genau zu betrachten und sich dessen Aussehen, besondere Merkmale usw. einzuprägen. Dann müssen sich alle um 180 Grad drehen und drei Dinge an ihrem Äußeren verändern (z. B. Brille abnehmen oder Schuhe ausziehen). Auf Kommando machen sie kehrt, und jetzt hat wiederum jeder eine Minute Zeit, die Veränderungen am Partner zu finden. Es darf dabei nicht gesprochen werden. Erst wenn der Kursleiter das Spiel beendet, dürfen sich die Partner austauschen und herausfinden, ob ihnen alle Veränderungen aufgefallen sind.

Wirkung

Das intensive Beobachten des Partners schärft die Sinne (v. a. visuell) und fördert die Konzentrationsfähigkeit. Wir setzen diese Übung daher immer dann ein, wenn danach speziell mit visuellen Materialien gearbeitet werden soll.

Monika Schubach

Obstsalat

Zweck: schnelle Reaktion, Einüben von Begriffen, deshalb auch gut im Sprachunterricht einsetzbar

Dauer: 10 bis 15 Minuten

Anzahl der TN: mindestens 8, unbegrenzt

Beschreibung

Die TN sitzen im Kreis, einer steht in der Mitte. Die TN im Kreis nennen der Reihe nach laut ihr Lieblingsobst (je unterschiedlicher, desto besser). Der TN in der Mitte zählt im Anschluss schnell zwei oder drei der genannten Sorten für einen Obstsalat auf. Diejenigen, die zuvor diese Früchte erwähnt haben, müssen nun in Windeseile ihre Plätze wechseln, wobei sich der TN aus der Mitte auch hinzusetzen versucht. Wie getauscht wird, ist dabei gleichgültig, solange jeder einen neuen Platz bekommt. Wer jetzt übrig bleibt, geht in die Mitte. Eine neue Spielrunde beginnt. Ab und zu kann der TN in der Mitte auch – statt die einzelnen Fruchtsorten aufzuzählen – „Obstsalat" rufen, dann müssen alle Spieler ihre Plätze wechseln. Das bringt noch mehr Bewegung in die Gruppe.

Alternativ zu den Obstsorten können natürlich auch Begriffe aus den behandelten Themen des Seminars oder Workshops verwendet werden, z. B. aus den Bereichen Arbeitssicherheit, Arbeitsrecht, Marketing, Vertrieb usw.

Variation für den Sprachunterricht: Anstatt Obstsorten eignen sich beispielsweise auch unregelmäßige Verben. Zur Vorbereitung „besetzen" Sie als Kursleiter die Stühle mit ausgewählten Verbformen (kleiner Zettel mit „went" oder „gone"). In diesem Fall beginnt der Spieler in der Mitte das Spiel, indem er das Verb „go" ruft. Dann müssen die Mitspieler, die auf den Stühlen „went" oder „gone" sitzen, die Plätze wechseln. Der Vorteil der Stühle-Etikettierung ist, dass sich die TN nach jedem Platzwechsel auf ein neues Verb einstellen müssen.

Wirkung

Die TN müssen konzentriert folgen, um schnell reagieren zu können. Wenn statt Fruchtsorten Fachbegriffe oder Vokabeln eingesetzt werden, fördert diese Übung zudem das kinästhetische Lernen. Die körperliche Bewegung gibt einen Energieschub und unterstützt den Lernprozess.

Marcus Koch

Handklopfen

Zweck: Konzentration, Koordination

Dauer: ca. 15 Minuten

Anzahl der TN: beliebig

Hilfsmittel: Tische und Stühle

Beschreibung

Die TN setzen sich um einen Tisch, der idealerweise rund ist. Bei vielen TN werden mehrere Gruppen gebildet, die sich auf verschiedene Tische verteilen. Jeder TN legt seine Hände mit den Handflächen nach unten so auf den Tisch, dass sie sich mit den Händen des Nachbarn überkreuzen, die also übereinander liegen. Dabei sind die Arme relativ nahe am Körper.

Nun muss im Uhrzeigersinn reihum mit den Händen auf den Tisch geklopft werden. Klopft ein TN zweimal, ändert sich die Richtung (jetzt gegen den Uhrzeigersinn). Auf ein Zeichen des Trainers beginnt ein TN zuerst mit seiner rechten, dann mit seiner linken Hand auf den Tisch zu klopfen. Anschließend klopft sein linker Nachbar. Dies geht so lange im Uhrzeigersinn weiter, bis ein TN zweimal klopft. Jetzt ändert sich die Richtung. Wer nicht aufpasst, also mit der falschen Hand oder zum falschen Zeitpunkt oder gar nicht klopft, muss eine Hand vom Tisch nehmen. In dem Moment, wo er auch die zweite Hand vom Tisch nehmen muss, scheidet er aus. Sieger ist derjenige, der am Schluss übrig bleibt. Das Tempo lässt sich sukzessive erhöhen, was eine zusätzliche Schwierigkeit darstellt.

Wirkung

Diese Übung erfordert eine hohe Konzentration von jedem TN. Zum einen, weil man auf die Klopfzeichen achten muss (einmal oder zweimal), zum anderen dadurch, dass durch die Anordnung der Hände überkreuz nicht sofort erkennbar ist, wann die eigene Hand an der Reihe ist. Nebenbei sorgt das Spiel auch noch für viel Spaß.

Susanne Beermann

Die Gedanken sind frei

Zweck: hohe Konzentration, Schärfung der Wahrnehmung, Kennenlernen zum Beginn eines Seminars

Dauer: ca. 20 Minuten

Anzahl der TN: beliebig, idealerweise gerade Zahl

Beschreibung

Die TN gehen paarweise zusammen. Nun stellt ein TN dem anderen Fragen, die dieser nur mit „Ja" oder „Nein" beantworten kann, z. B.: „Können Sie Golf spielen?"; „Waren Sie schon einmal in Argentinien?"; „Haben Sie eine Cousine?" Der Fragende achtet dabei genau auf die Mimik und die Gestik des Erwidernden. Nach insgesamt rund zehn Fragen wird das Interview nonverbal fortgesetzt. Das bedeutet, der Befragte „denkt" sich seine Antworten und der Fragende muss diese nun anhand der Körpersprache erraten. Nach jeder Frage und stillen Antwort gibt der Befragte die Auflösung. Nach etwa fünf weiteren Fragen werden die Rollen getauscht.

Wirkung

Da der Fragende die Mimik und Körpersprache des Befragten sehr genau beobachten muss, wird die visuelle Wahrnehmung hervorragend geschult.

Susanne Beermann

Kreativität

Kreativitätsspiele haben ihren Platz immer dann, wenn es darum geht, die Teilnehmer „mental" aufzulockern und ihnen Anregungen zu geben, aus den üblichen Denkschemata auszubrechen. Denn: Kreativitätsspiele wollen herausfordern, geben Mut zur Veränderung. Diese Spiele fördern und flexibilisieren deshalb das Denken. Querdenken, Gedanken, die im Kopf Karussell fahren – genau das brauchen wir, um an Probleme aus ganz unterschiedlichen Perspektiven heranzugehen und damit den Lösungsprozess gezielt zu unterstützen.

Filmreif

Zweck: Anregung der Fantasie, Gruppendynamik, Spaß

Dauer: 10 bis 15 Minuten

Anzahl der TN: mindestens 10

Beschreibung

Die TN bilden zwei Gruppen. Eine davon bespricht sich ein paar Minuten und denkt sich eine kurze Filmszene aus. Dann „spielen" die TN diese Szene nach und zwar folgendermaßen: Zunächst geht der erste TN ans andere Ende des Raums und nimmt eine bestimmte Pose ein, z. B. eine schimpfende Mutter mit erhobenem Zeigefinger. Er verharrt in dieser Stellung. Der nächste TN folgt ihm und nimmt mit seiner Pose auf seinen Vorgänger Bezug, z. B. indem er eine schuldbewusste Geste macht. Der Nächste folgt und erscheint als Schlichter mit einer entsprechenden Haltung und Geste usw. (siehe Skizze).

Ist die Szene fertig, erzählt die andere Hälfte der TN die mögliche Handlung des Films. Dabei können alle frei assoziieren und dürfen sich ins Wort fallen. Wenn alle „Rollen" in der Erzählung vorkamen, werden die Aufgaben zwischen den Gruppen getauscht.

Wirkung

Dieses Spiel fördert die Gruppenzusammengehörigkeit, da jeder TN Bezug auf einen anderen nimmt und gemeinsam eine Aufgabe gelöst wird. Natürlich fördert sie auch die Kreativität eines jeden Einzelnen, jeder kann seiner Fantasie freien Lauf lassen. Des Weiteren kommt Bewegung in die Gruppe und es wird garantiert viel dabei gelacht.

Erich Ziegler

Wandelstift

Zweck: Anregung der Fantasie, Warmwerden zu Beginn, gute Vorübung für anschließendes Brainstorming

Dauer: ca. 10 Minuten

Anzahl der TN: mindestens 4, unbegrenzt

Hilfsmittel: Stift (oder anderer kleiner Gegenstand)

Beschreibung

Alle TN sitzen auf Stühlen in einem Kreis. Der Trainer lässt einen Stift (oder einen anderen Gegenstand) herumgehen, den die TN pantomimisch verwenden sollen (z.B. als Lippenstift, Golfschläger, Zahnbürste, Zigarre usw.). Jeder TN kann sich eine völlig andere Bewegung ausdenken, diese brauchen sich also nicht aufeinander zu beziehen. Anschließend kann eine zweite Runde durchgeführt werden. Wieder geht der Stift herum und jeder macht damit nun eine andere Bewegung als in der ersten Runde. Dieses Mal raten die anderen TN direkt nach jeder Vorführung, was jeweils gemeint war.

Wirkung

Diese Übung dient sowohl zum Warmwerden zu Beginn eines Workshops oder Seminars, aber auch zwischendurch zur Weckung der Fantasie. Es ist erstaunlich, wie viele Verwendungsmöglichkeiten den einzelnen TN in kurzer Zeit einfallen. Eine gute Vorübung für ein anschließendes Brainstorming!

Erich Ziegler

Es war einmal

Zweck: Hemmungen und Blockaden abbauen, v. a. gut für den Start am Morgen oder nach einer längeren Pause

Dauer: ca. 20 Minuten

Anzahl der TN: beliebig

Hilfsmittel: pro TN zwei Karteikarten, weicher Ball, Kiste

Beschreibung

Jeder TN erhält zwei Karteikarten, auf denen er je einen Begriff notiert – entweder beliebig oder aus dem vorher behandelten Themenbereich. Der Trainer legt alle Karten in eine Schachtel und mischt sie. Nun zieht jeder TN zwei Karten. Die Aufgabe für alle ist es, eine lustige Geschichte zu erzählen, in der die gezogenen Begriffe vorkommen. Ein TN beginnt mit ein bis drei Sätzen, die seine Begriffe enthalten. Der nächste TN erzählt die Geschichte weiter usw. Alle TN sind der Reihe nach dran, immer für ein bis zwei Minuten. Alternativ kann die Reihenfolge mit einem Ball bestimmt werden, d. h., derjenige, der den Ball bekommt, erzählt und wirft diesen dann seinem „Nacherzähler" zu. Das erhöht die Anforderung an den Erzähler.

Wirkung

Ideal für TN, die an ihrer Kreativität bislang gezweifelt haben. Durch das gemeinsame, spielerische Erarbeiten einer Geschichte werden Hemmungen abgebaut.

Susanne Beermann

Puzzeln – einmal anders

Zweck: Kreatives Lernen, Teamgeist

Dauer: 30 bis 60 Minuten

Anzahl der TN: 12 bis 15, geteilt in Kleingruppen à 3 bis 5 Spieler

Hilfsmittel: je Gruppe 1 Bogen DIN-A3-Tonpapier oder Foto-karton, Scheren

Beschreibung

Aufgabe jeder Kleingruppe ist es, ein Puzzle zum Thema des Seminars oder Workshops zu gestalten. Die TN ziehen auf das leere Tonpapier mit Filzstiften unregelmäßige Linien. Dann werden Begriffe, die zusammengehören, auf waagerecht direkt nebeneinander liegende Felder geschrieben (siehe Skizze), z. B.:

- Serienbrieffunktion – Textverarbeitungsprogramm
- Summenformel – Tabellenkalkulationsprogramm
- Titelmaster – Präsentationsprogramm

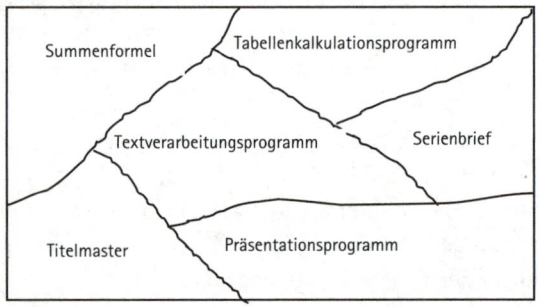

Wenn die Beschriftung abgeschlossen ist, wird die Vorlage entlang der Linien auseinander geschnitten. Diese Puzzleteile bekommt dann eine der anderen Gruppen zum Zusammensetzen. Es sollen alle Puzzlespiele untereinander ausgetauscht werden.

Variante: Wir spielen das Spiel auch gerne als Wettspiel: „Wem gelingt es am schnellsten, das Puzzle zusammenzubauen?"

Wirkung

Dieses Spiel hat mehrere positive Auswirkungen. Zum einen betätigen sich die TN kreativ, zum anderen tauschen sie sich dabei ständig über das Thema aus. Dadurch prägt sich das Gelernte wesentlich besser ein. Werden die Puzzles dann noch in den verschiedenen Gruppen gespielt, verstärkt sich natürlich der Wiederholungseffekt. Wird das Puzzle als Wettspiel durchgeführt, kommt darüber hinaus der sportliche Ehrgeiz zum Tragen, der den Teamgeist fördert.

Monika Schubach

Assoziationen

Zweck: Kreatives Denken, besonders gut geeignet, um ein Brainstorming in Schwung zu bringen

Dauer: 20 bis 30 Minuten

Anzahl der TN: gerade Anzahl, Aufgabe sollte am besten paarweise gelöst werden

Hilfsmittel: Bücher (je Paar eines), Post-its, Papier, Stifte

Beschreibung

Jedes Paar erhält eine konkrete Aufgabe, z. B.: Wie können wir unser neues Produkt dem Kunden nahe bringen? Danach nimmt einer der beiden das Buch zur Hand, schlägt blind eine Seite auf und klebt ein Post-it wahllos auf eine Seite. Das Wort, das dem Post-it am nächsten ist, wird als Ausgangspunkt für Ideen zur Beantwortung der Frage eingesetzt.

Beispiel:

Aufgabe: Wie können wir unser neues Produkt dem Kunden nahe bringen? Das Wort, auf das das Post-it zeigt, ist „Sonntag".

Dies könnte zu folgenden Ideen führen: Vielleicht sollten wir unsere Werbe-Aktion an einen Sonntag beginnen? Der Sonntag hat etwas mit der Sonne zu tun – vielleicht sollten wir unser Produkt daher in gelbes Papier einpacken? Alle Menschen, die an einem Sonntag geboren sind, erhalten unser Produkt zu Testzwecken kostenlos usw. Der Fantasie sind keine Grenzen gesetzt.

Wirkung

Der Zufall spielt bei dieser Übung eine große Rolle. Sie fördert so die Assoziationsfähigkeit der TN, denn es werden Begriffe miteinander in Verbindung gebracht, die normalerweise keinerlei Bezug zueinander haben. Die Teilnehmer verlassen dadurch ihre gewohnten Denkwege und produzieren neue und vielleicht ungewöhnliche Ideen.

Monika Schubach

Was gehört zusammen?

Zweck: Inhalte kreativ aufbereiten und diese spielerisch einprägen

Dauer: 30 bis 60 Minuten

Anzahl der TN: maximal 12, Kleingruppen zu 2 bis 4 TN

Hilfsmittel: Karteikarten blanko, die auf der Rückseite einheitlich aussehen, Filzstifte, Buntstifte

Beschreibung

Jede Kleingruppe soll zu einem Teilbereich des Lernstoffs (den der Trainer vorgibt) passende Memorykarten erstellen. Die Karten sollten neben den Stichwörtern auch Zeichnungen oder zumindest zeichnerische Elemente enthalten, damit sie leichter als zusammengehörig erkennbar sind.

Wichtig: Die Anzahl zusammenpassender Karten (z. B. zwei bis vier) muss vorgegeben werden.

Beispiel 1: EDV-Unterricht

Anzahl der Karten: vier

Serienbrieferstellung – Serienbriefhauptdokument – Datenquelle – Steuersatz

Beispiel 2: Sprachunterricht – unregelmäßige Verben

Anzahl der Karten: drei

Grundform: to go – 1. Vergangenheit: went – 2. Vergangenheit: gone

Anschließend legen alle Gruppen ihre Karten in einen Korb oder geben sie direkt dem Trainer, der sie auf dem Boden oder auf einem großen Tisch verteilt – die Rückseite nach oben. Dann wird gemeinsam Memory gespielt: Die TN decken nacheinander Karten auf und wieder zu und merken sich deren Lage, um in der nächsten Runde Paare bzw. Terzette oder Quartette aufzunehmen. Es wird so lange gespielt, bis alle Karten aufgenommen wurden. Gewinner ist, wer die meisten passenden Karten sammeln kann.

Wirkung

Dieses Spiel hat mehrere positive Folgen: Zum einen können die TN beim Ausdenken der Begriffe und bei der visuellen Gestaltung kreativ sein. Zum anderen tauschen sie sich dabei und anschließend beim Finden der zusammengehörenden Karten ständig über das Thema aus. Durch diesen Wiederholungseffekt prägt sich das Gelernte wesentlich besser ein. Zudem ist Konzentration gefragt und Spaß macht das Ganze natürlich in der Regel auch.

Monika Schubach

Wo bin ich?

Zweck: Anregung der Fantasie, Bewegung

Dauer: 10 bis 20 Minuten

Anzahl der TN: mindestens 4; je mehr, desto besser

Beschreibung

Ein oder zwei TN verlassen den Raum. Die anderen denken sich eine ganz bestimmte Örtlichkeit (z. B. Bahnhof) aus. Nun stellt jeder TN (gerne auch paarweise) eine für diesen Ort typische Situation pantomimisch dar, z. B. Ziehen einer Fahrkarte am Automaten.

Die TN, die den Raum verlassen hatten, kommen wieder herein, während alle anderen gleichzeitig ihre pantomimischen Aktionen zeigen. Die beiden Kandidaten beschreiben, was sie sehen, und versuchen, den Ort, an dem sie sich befinden, zu erraten. Gelingt ihnen dies, können zwei andere TN hinausgehen, und das Spiel beginnt von vorn.

Scheuen Sie sich nicht davor, auch einmal ungewöhnliche Orte (z. B. Reeperbahn in Hamburg) zu wählen – der Spaßfaktor wird steigen. Natürlich sollte es trotzdem ein Ort sein, den alle kennen.

Wirkung

Diese Übung regt die Fantasie aller TN an. Die körperlichen Aktionen beteiligen zudem beide Hirnhälften, was Denkblockaden lösen kann. lösen

Marcus Koch

Entspannung

Leistungssportler haben Entspannungsübungen schon lange in ihr Trainingsprogramm eingebaut. Warum nicht auch wir? Denn auch bei anstrengenden Seminaren und Konferenzen steigern diese Übungen die Leistungsfähigkeit. Im Vordergrund stehen dabei der Abbau von Blockaden und die Entspannung von Körper, Geist und Seele. Nur wenn diese drei im Gleichgewicht sind, ist effektives und nachhaltiges Lernen und Arbeiten überhaupt möglich.

Pizza backen

Zweck: Entspannung mit intensivem Körperkontakt, besonders vor der Mittagspause oder dem Abendessen, denn es wirkt appetitanregend. Diese Übung sollte nur dann eingesetzt werden, wenn sich die Kursteilnehmer gut kennen und Körperkontakt kein Problem darstellt.

Dauer: ca. 5 Minuten

Anzahl der TN: beliebig

Beschreibung

Die TN stehen in einem Kreis. Der Kursleiter schlägt vor, gemeinsam eine Pizza zu backen. Dazu fassen sich alle an den Händen und machen einen Schritt zur Kreismitte. Jetzt lassen alle die Hände los und drehen sich nach rechts. Jeder hat nun einen wunderschönen Teig (Rücken) vor sich. Alle stellen sich hüftbreit hin – die Beine sind parallel, die Knie locker (besserer Stand!) – und beginnen den Teig zu kneten (Schultern und den ganzen Rücken massieren). Dabei versuchen die TN, das, was sie in ihrem eigenen Rücken spüren, weiterzugeben.

Der Trainer gibt die weitere Backanweisung und beschreibt die dazugehörige Bewegung: „Wir rollen jetzt den Teig aus (Streichbewegungen mit den flachen Händen von der Wirbelsäule nach außen), schneiden Tomaten in Scheiben (mit den Handkanten ganz leicht an die Schultern schlagen), verteilen die Scheiben auf dem Blech (sanfter Druck mit den flachen Händen auf dem ganzen Rücken), streuen Oregano darüber (mit den Fingerkuppen streicheln) und zum Schluss viel Käse (Kreismassage auf dem ganzen Rücken mit den flachen Händen) über die fertige Pizza. So, jetzt muss sie nur noch in den Ofen geschoben werden."

Wirkung

Diese Übung entspannt gezielt die Rücken- und Schultermuskulatur, die oft nach langem Sitzen überbeansprucht ist. Sie verstärkt darüber hinaus das Zusammengehörigkeitsgefühl der Gruppe.

Brigitte Calenge

Schreiben – einmal anders

Zweck: Entspannung der Nackenmuskulatur, besonders gut zu Beginn und am Ende einer Arbeitsperiode

Dauer: ca. 2 bis 5 Minuten

Anzahl der TN: beliebig

Beschreibung

Die TN verteilen sich im Raum. Sie stehen bequem, die Arme hängen locker herab. Aufgabe ist es jetzt, sich vorzustellen, die Nase wäre ein Bleistift, mit dem verschiedene Worte geschrieben oder grafische Elemente gezeichnet werden sollen. Die Augen können geöffnet oder geschlossen sein – je nach Lust der Spieler. Der Kursleiter gibt Aufgaben vor, was nun zu schreiben oder zu zeichnen ist.

Mögliche Beispiele:

- Die TN drehen den Kopf nach links und schreiben mit „ihrem Bleistift" (Nase) ihren Vor- und Zunamen (Dauer ca. 30 Sekunden).

- Die TN drehen den Kopf nach rechts und „malen" große Kreise gegen den Uhrzeigersinn (Dauer ca. 10 Sekunden). Danach machen sie das Gleiche noch einmal von der linken Seite.

- Die TN „malen" einen Elefanten mit erhobenem Rüssel, eine Blume, die Sonne ... der Fantasie sind keine Grenzen gesetzt.

Der Trainer sollte die „Künstler" immer wieder darauf hin-
weisen, den Nacken locker zu halten und langsam und gleich-
mäßig zu schreiben oder zu malen.

Wirkung

Diese Übung entspannt vor allem die Nackenmuskulatur. Sie
hilft den TN dadurch, einen klaren Kopf zu bekommen.

Monika Schubach

Good Vibrations

Zweck: Muskelverspannungen abbauen

Dauer: ca. 2 bis 6 Minuten (je nach Variante)

Anzahl der TN: beliebig

Beschreibung

Die TN verteilen sich im Raum. Die Beine sind leicht gespreizt. Die Arme hängen locker herab. Die Handflächen zeigen nach innen (also zum Körper). Auf Kommando des Trainers fangen alle an, langsam ihre Hände zu schütteln. Nach ca. zehn Sekunden wird das Tempo gesteigert und zusätzlich zu den Händen werden auch Arme und Schultern in den Rhythmus einbezogen. Der ganze Oberkörper vibriert. Diese Phase dauert ca. 30 Sekunden. Danach spüren alle Beteiligten ein Prickeln im ganzen Oberkörper.

Variante: Nach der Aktivität des Oberkörpers können auch noch die Füße und Beine – jeweils einzeln – entsprechend ausgeschüttelt werden.

Wirkung

Diese Übung bietet eine einfache Möglichkeit, Muskelverspannungen abzubauen und sich wieder fit zu fühlen.

Monika Schubach

Weg mit dem Stress!

Zweck: Stressabbau über Bewegung und Atem

Dauer: ca. 5 bis 10 Minuten

Anzahl der TN: beliebig

Beschreibung

Die TN stehen im Kreis Unter Anleitung des Trainers vollziehen sie folgende Bewegungen:

- Sie strecken den linken Arm über den Kopf und beugen dabei den Oberkörper nach rechts.
- Dann atmen sie mehrmals hintereinander aus. Nun halten sie den Atem noch einige Sekunden an und atmen danach wieder ein.
- Rechter Arm nach oben, Oberkörper geht nach links;
- ausatmen, ausatmen, ausatmen; Atem anhalten und wieder einatmen.

Das Ganze sollte vier bis fünf Mal wiederholt werden.

Wirkung

Diese Übung stärkt die Atemwege, baut Stress ab und entspannt gleichzeitig die Rückenmuskulatur. Dieses Spiel funktioniert auch sehr gut bei Jugendlichen. Wissenschaftliche Studien an Schülern haben gezeigt, dass selbst die kleinste Bewegungspause zum Stressabbau und zur Steigerung der Konzentrationsfähigkeit führt.

Monika Schubach

Das etwas andere Volleyball

Zweck: Entspannung, Teamgeist, sportlicher Ehrgeiz

Dauer: 3 Minuten

Anzahl der TN: 10

Hilfsmittel: 20 bunte Luftballons, 2 bis 3 Pinnwände

Vorbereitung: Alle Tische und Stühle müssen zur Seite geräumt werden (sonst Verletzungsgefahr). Zwei bis drei Pinnwände stehen in der Raummitte und stellen das Volleyballnetz dar.

Beschreibung

Der Kursleiter bestimmt zwei Mannschaftsführer, die sich aus der Gruppe ihre Teams wählen. Beide Mannschaften stehen sich, getrennt durch die Pinnwände, gegenüber – wie beim Volleyball. Jedes Team erhält zehn bunte Luftballons. Ziel der beiden Mannschaften ist es, nach dem Abpfiff so wenig Luftballons wie möglich im eigenen Feld zu haben.

Zunächst werden die Ballons auf Kommando aufgeblasen und verknotet. Auf ein Startzeichen des Trainers versuchen die Mannschaften nun, so viele Luftballons wie möglich auf die andere Seite des „Netzes" zu werfen. Dazu stehen ihnen genau drei Minuten zur Verfügung. Danach wird abgepfiffen und gezählt, auf welcher Seite weniger Ballons liegen.

Wichtig: Nach dem Abpfiff bitte unbedingt jeder Mannschaft zu ihrer tollen Leistung gratulieren. Es gibt keine Gewinner und keine Verlierer.

Wirkung

Die Bewegung entspannt Körper, Geist und Seele. Das Mannschaftsspiel fördert darüber hinaus Teamgeist und sportlichen Ehrgeiz.

Monika Schubach

Siegesschrei der Samurai

Zweck: gemeinsamer Stressabbau in der Gruppe

Dauer: ca. 5 Minuten

Anzahl der TN: beliebig

Beschreibung

Die TN stehen im Kreis und fassen sich an den Händen. Alle gehen langsam ein wenig in die Knie und rufen dabei „Eeee-hy" und mit einem lauten „Ja!" reißen sie die Arme hoch und stehen dabei wieder gerade. Die TN sollen ruhig so laut rufen wie sie können.

Wirkung

Diese Übung dient zur körperlichen und geistigen Entspannung. Es lässt sich dabei hervorragend Stress abbauen, vor allem durch das laute und unkontrollierte Rufen und die gemeinsame Bewegung. Das Spiel reaktiviert die geistigen Ressourcen und bringt wieder neuen Schwung in die Gruppe.

Erich Ziegler

Die Regenmacher

Zweck: Abbau von Aggressionen

Dauer: ca. 5 Minuten

Anzahl der TN: beliebig

Beschreibung

Die Gruppe sitzt im Stuhlkreis. Der Kursleiter beginnt zu erzählen: „Ich war letzten Monat bei einem Regenmacher im australischen Busch und der hat mir erzählt, wie man einen schönen Sommerregen machen kann und dass man durchaus in der Lage ist, danach wieder die Sonne scheinen zu lassen. Wir wollen es einmal ausprobieren."

Der Trainer fängt mit einer Geste an. Nach wenigen Sekunden übernimmt sein linker Nachbar diese Geste und reicht sie wiederum an seinen linken Nachbarn weiter. Die Geste breitet sich also nach und nach aus. Ist sie beim rechten Nachbarn des Kursleiters angekommen, beginnt dieser mit einer neuen Bewegung. Jeder TN macht so lange die „alte" Geste, bis er merkt, dass von seinem rechten Nachbarn eine „neue" kommt.

Mögliche Gesten:

1   Mit den Fingern ungleich schnipsen (die ersten Regentropfen fallen auf dem Marktplatz)

2   Mit den Händen ungleich klatschen (der Regen wird stärker)

3   Die Hände auf die Oberschenkel schlagen (Platzregen auf
    der Straße)

4   Die Hände gegeneinander reiben und zwischen den Zäh-
    nen zischen (der Wind vertreibt die Wolken)

5   Die Arme zum Himmel strecken, sich dabei zurücklehnen
    (jetzt geht bei uns allen wieder die Sonne auf)

Wenn die TN zwischendurch die Augen schließen, können sie
den Regen besser hören.

Tipp: Im Sprachunterricht kann diese Übung sehr gut dazu
verwendet werden, in das Thema „Wetter" einzuführen.

Wirkung

Die Übung wirkt äußerst entspannend und baut darüber
hinaus eventuell entstandene Aggressionen unter den TN ab,
was wiederum das Zusammengehörigkeitsgefühl stärkt. Besonders gerne setzen wir diese Übung ein, wenn die Gruppe
müde wirkt, was vor allem nach längeren Redephasen sehr oft
der Fall ist.

Es ist uns übrigens schon öfters passiert, dass nach dieser
Übung wirklich die Sonne wieder hervorkam!

Brigitte Calenge

Der Zug kommt

Zweck: Abschalten

Dauer: ca. 15 Minuten

Anzahl der TN: beliebig, jedoch mindestens 4

Beschreibung

Alle TN stehen oder sitzen im Kreis. Die Arme sind vor der Brust angewinkelt, mit den Unterarmen nach oben. Beide Zeigefinger weisen in einem Abstand von ca. 15 cm nach oben. Sie stellen die Schranken eines Bahnübergangs dar. Nun soll ein Zug gegen den Uhrzeigersinn einmal die Runde fahren.

Jeder TN schließt seine Schranke, indem er die Zeigefinger einander zubeugt, begleitet von einem „Bing-bing-bing" Dann kommt der Zug von links nach rechts angefahren – angedeutet durch ein „Tsch-tsch-tsch" und eine Kopfbewegung von links nach rechts. Schließlich geht die Schranke wieder auf, d.h., die Finger werden wieder gerade nach oben ausgerichtet – erneut begleitet von einem „Bing-bing-bing".

Wenn der Trainer den Zug losschickt, müssen also die TN neben ihm der Reihe nach ihre Schranke schließen und wieder öffnen („Bing-bing-bing") und das Zuggeräusch („Tsch-tsch-tsch") sowie die Kopfbewegung aufnehmen. Nacheinander fahren jetzt verschieden schnelle Züge (vom Trainer angekündigt). Je schneller der Zug ist, desto mehr Schranken müssen auf einmal vorab geschlossen sein.

- In der zweiten Runde ist es ein Güterzug mit einer schnelleren Diesellok. Das bedeutet, zwei oder drei Schranken müssen schon vorher zugehen: Schranke zu („Bing-bing-bing"), die Lok kommt an („Tsch-tsch-tsch") und fährt an der Schranke vorüber (Kopfdrehung), dann folgen mehrere Güterwaggons („Brlong-brlong-brlong", der Kopf dreht sich hin und her).

- Drittens: Ein ICE rast vorbei („Voooaaaaaam"), mindestens fünf Schranken müssen vorab zu sein.

- Viertens: Ein TransRapid jagt vorüber: („ssssssssss"), zehn geschlossene Schranken.

Variante: Sobald die Schranke geschlossen ist, kommt ein Auto angefahren und bremst geräuschvoll. Der Fahrer ruft: „Oh, shit!" Nachdem die Schranke wieder oben ist, sagt er: „Na, endlich!" Die TN geben hintereinander statt des Zuggeräusches diese Äußerungen wieder.

Wirkung

Ein lustiges Spiel, das beim Abschalten hilft – und dabei doch die Konzentration schult.

Erich Ziegler

Wiederholung

Wer hat nicht schon einmal bei einem Quiz-Spiel im Fernsehen mitgeraten? Oder denken Sie an die Lückentexte im Fremdsprachenunterricht: Machen diese nicht mehr Spaß als das Abfragen von Vokabeln? Spielerisch können Sie überprüfen, ob Ihre Teilnehmer das Erlernte bereits „können" bzw. wo noch Nachholbedarf besteht. Und eines werden Sie dabei auch feststellen: Viele entwickeln bei Wiederholungsspielen einen bis dahin unbekannten Ehrgeiz, den Sie sehr gut für das weitere Training nutzen können.

Moorhuhnschießen

Zweck: Spielerisches Abfragen, Bewegung, Wettbewerb

Dauer: 15 bis 30 Minuten (ohne Erstellung der Fragekarten)

Anzahl der TN: beliebig, Gruppen à 3 oder 5 TN (gerade Anzahl an Gruppen)

Vorbereitung: Fragekarten erstellen, größere Menge, wenn viele TN

Hilfsmittel: Tuch (50 × 50 cm), kleiner Plüschvogel (Moorhuhn)

Beschreibung

Von den TN selbst (ggf. auch vom Trainer) hergestellte Fragekarten sind die Grundlage dieses Spiels. Die Fragen beziehen sich auf Themen, die im Seminar bzw. im Workshop behandelt wurden.

Die TN teilen sich in Kleingruppen. Jeweils zwei Gruppen spielen gegeneinander. Jede Gruppe zieht dieselbe Anzahl an Fragekärtchen aus dem vorbereiteten Fragenpool, den der Kursleiter auf einem Tisch oder in einem Korb bereithält.

Nun beginnt das Quiz, indem ein Mitglied einer Gruppe der Gegenpartei eine Frage vorliest. Regel: Bei jeder richtigen Antwort gibt es zwei Punkte. Sollte die Antwort falsch sein, kann die Gruppe dennoch einen Punkt durch erfolgreiches Moorhuhnschießen gewinnen.

Z.B. bei einer Gruppe von fünf TN funktioniert das folgendermaßen: Vier TN ergreifen je eine Ecke des Tuchs und stehen in einigem Abstand zum fünften TN. Dieser versucht nun, das Huhn in die Mitte des Tuchs zu werfen, wobei die Kollegen mithelfen können. Dies klingt einfach, ist jedoch gar nicht so leicht – probieren Sie es aus. Je nach räumlicher Situation können Sie den Abstand zwischen dem werfenden TN und Tuch auf mindestens zwei, maximal drei Meter festlegen.

Das Spiel endet nach einer zuvor festgelegten Anzahl an Fragerunden. Das Siegerteam wird nach Punkten ermittelt.

Wirkung

Die Übung stellt eine kreative Art des Abfragens dar. Durch das eigene Erstellen der Fragekarten sind die TN aktiv in die Gestaltung des Seminars eingebunden, was die Motivation deutlich erhöht. Der Wettbewerbscharakter des Spiels wirkt zudem erfrischend und energetisierend.

Das Moorhuhnschießen gibt der Übung den gewissen Pep. Als besonders schön empfinden es die TN oft, wenn am Schluss der Übung die Gewinner gekürt werden (Bonbon, Stück Schokolade usw.). Dabei sollten auch die Verlierer bedacht werden.

Marcus Koch

Karussell

Zweck: Spielerisches Abfragen

Dauer: ca. 5 bis 10 Minuten

Anzahl der TN: mindestens 8

Vorbereitung: Moderationskarten mit Stichworten/Fragen zum erarbeiteten Stoff oder zum Thema, heitere Musik

Beschreibung

Die Fragekärtchen werden – mit der Frage nach unten – auf einem Tisch verteilt. Jeder TN nimmt sich eine Karte. Danach finden sich zwei Gruppen zusammen, die jeweils einen inneren und einen äußeren Kreis bilden.

Die Musik beginnt und die Teilnehmer des inneren Kreises bewegen sich im Uhrzeigersinn, die des äußeren Kreises gegen den Uhrzeigersinn. Die Musik stoppt. Jetzt stehen sich zwei Teilnehmer gegenüber und befragen sich bzw. erzählen sich etwas über das Stichwort/die Frage auf ihrer Moderationskarte. Sobald die Musik wieder einsetzt, verabschieden sie sich voneinander, z. B. mit einem Satz wie: „Tschüss, ich muss weiter, sonst verpasse ich noch meinen Bus!", und laufen weiter bis zum nächsten Musikstopp.

Es kann sein, dass sich die TN beim Musikstopp nicht exakt gegenüberstehen. Erklären Sie also vorab, dass sie evtl. noch ein bisschen „rutschen" müssen.

Bei ungerader Teilnehmerzahl laufen zwei – sozusagen als siamesische Zwillinge – zusammen. Beim Musikstopp stehen sie vor einer Person.

Wirkung

Diese Übung ist ein einfaches Hilfsmittel, um das gerade Erlernte zu wiederholen und so zu festigen. Sie fördert darüber hinaus den Austausch untereinander, da die TN „ganz zufällig" miteinander in Kontakt treten. Die Bewegung trägt zudem zur Auflockerung und Entspannung bei.

Brigitte Calange und Monika Schubach

Der schlaue Ball

Zweck: einfaches Abfragen mit Bewegung

Dauer: ca. 10 Minuten

Anzahl der TN: beliebig

Hilfsmittel: Bälle, idealerweise Koosh-Bälle

Beschreibung

Die TN stehen im Kreis oder bleiben auf ihren Plätzen sitzen, wenn diese in einer Runde angeordnet sind. Jeder überlegt sich Fragen zum Themengebiet der Veranstaltung. Der Kursleiter gibt den Startschuss zur Übung, indem er den Ball in die Runde wirft. Wer ihn fängt, darf beginnen. Er sucht sich einen Mitspieler aus, wirft ihm den Ball zu und stellt ihm eine Frage zum Thema. Der Fänger muss die entsprechende Antwort geben. Gelingt ihm das nicht, darf der Werfer helfen. Nach diesem System geht der Ball in der Gruppe hin und her. Jeder kann sowohl Werfer als auch Fänger sein. Das Spiel endet, wenn den TN keine Fragen mehr einfallen oder nach einem Zeitlimit.

Wirkung

Die TN wiederholen spielerisch und in Eigenverantwortung – der Kursleiter fungiert nur als Zuschauer – das neue Themengebiet. Die Bewegung fördert die Durchblutung und steigert somit die Konzentration für Folgethemen.

Brigitte Calenge und Monika Schubach

Ja oder Nein?

Zweck: schnelles Abfragen, Förderung des Gruppenehrgeizes

Dauer: ca. 10 bis 12 Minuten

Anzahl der TN: beliebig

Vorbereitung: Moderationskärtchen mit Themen- oder Scherzfragen

Hilfsmittel: Stoppuhr

Beschreibung

Die Gruppe sitzt oder steht im Kreis. Der Kursleiter stellt anhand vorbereiteter Kärtchen jedem TN eine Frage zum Thema, die nur mit „Ja" oder „Nein" beantwortet werden kann. Zur Auflockerung darf auch mal eine Scherzfrage darunter sein wie: „Hat der August 28 Tage?" (hier antworten die meisten spontan mit „Nein"). Für die Beantwortung stehen maximal zehn Sekunden zur Verfügung. Unrichtig beantwortete Fragen können zur Seite gelegt werden, um sie am Ende gemeinsam zu besprechen. Das Spiel geht so lange, bis alle Fragen richtig beantwortet sind.

Wirkung

Neben der Wiederholung des Lernstoffs werden die TN zu schnellen Entscheidungen gezwungen, was die Fehlerquote und den Spaß erhöht. Als Trainer werden Sie sich wundern, wie viel Ehrgeiz Ihre TN entwickeln.

Claudia Harrasser

Aktiv & kreativ

Zweck: Wiederholung, Kreativität, Teamgeist

Dauer: 20 bis 30 Minuten

Anzahl der TN: beliebig, Kleingruppen à 3 oder 4 TN, gerade Gruppenzahl

Hilfsmittel: Flipcharts oder Whiteboards (je 1 für 2 Gruppen), Moderations- oder Karteikarten, Stifte, je ein Würfel für 2 Gruppen

Beschreibung

Die TN setzen sich in Gruppen zusammen, z.B. in Vierer-gruppen. Jedes Team schreibt Begriffe aus dem behandelten Thema (etwa Marketing oder Arbeitsrecht) auf verschiedene Karten (ein Begriff pro Karte). Die Anzahl der Karten wird vorher festgelegt. Je abstrakter der Begriff, desto interes-santer wird es.

Anschließend spielen immer zwei Gruppen gegeneinander und sitzen oder stehen sich dabei gegenüber. Ein TN bekommt einen Begriff gezeigt, den er seiner Gruppe erklären muss. Seine Kollegen ermitteln per Würfel, auf welche Weise der Begriff erläutert werden soll: pantomimisch (wenn der Würfel 1 oder 2 Augen zeigt), zeichnerisch (3 oder 4) oder durch Umschreiben (5 oder 6). Der Begriff selbst darf nie genannt werden. Auch darf der Vorführende keine Fragen beantwor-ten. Er spielt, zeichnet (Flipchart) oder erklärt nun, was die anderen erraten sollen. Pro Spielrunde wird eine Zeit von z.B.

einer Minute festgelegt. Dann wechselt das Rateteam. Für jeden geratenen Begriff erhält die entsprechende Gruppe einen Punkt. Nach einer vereinbarten Rundenzahl (Anzahl der Kärtchen) endet das Spiel. Sieger ist, wer die meisten Begriffe erraten hat.

Wirkung

Bereits bei der Auswahl der Begriffe beschäftigen sich die TN intensiv mit dem betreffenden Thema. Bei der Durchführung selbst ist der Spieler, der erklären soll, kreativ gefordert, die ratenden TN jedoch auch. Hier wird auch der Teamgeist gestärkt: Über den Lerneffekt hinaus zeigt sich, wie gut die Gruppe aufeinander eingespielt ist. Und es gibt viel zu lachen – das schafft ein entspanntes Miteinander.

Susanne Beermann

Stadt – Land – Fluss

Zweck: schnelles Abfragen, Wettbewerb

Dauer: mindestens 20 Minuten

Anzahl der TN: beliebig

Hilfsmittel: vorbereitete DIN-A4-Blätter mit einer Tabelle (Querformat) für jeden TN

Beschreibung

Die TN sitzen an Tischen (möglichst im Kreis). Jeder erhält ein Blatt mit einer vorbereiteten Tabelle, die so aufgebaut ist, wie in dem Kinderspiel „Stadt – Land – Fluss" üblich. Im Kopf der Tabelle stehen als Überschriften Begriffe aus dem Seminarthema (z.B. Kostenrechnung, Arbeitssicherheit, Betriebsverfassungsgesetz usw.). Die letzte Spalte erhält die Überschrift „Punkte".

Einer in der Runde beginnt, im Stillen das Alphabet aufzusagen, ein anderer ruft „Stopp!" Mit dem Buchstaben, bei dem der TN angekommen ist, versuchen nun alle in jeder Spalte einen Begriff zu notieren. Der Erste, der alle Spalten ausgefüllt hat, darf „Stopp!" sagen und alle anderen TN müssen den Stift niederlegen. Nun liest derjenige, der am schnellsten war, seine Ergebnisse vor. Alle, die denselben Begriff haben, bekommen fünf Punkte; alle, die einen anderen Begriff haben, zehn Punkte. Hat kein anderer einen Begriff zu einem Thema gefunden, gibt es 20 Punkte für den Vorleser. Sieger ist, wer nach einer vorher festgelegten Anzahl von Runden die höchste Punktzahl erzielt hat.

Wirkung

Neben dem meist positiven Effekt der Wiedererkennung des Kinderspiels „Stadt – Land – Fluss" und der Zielsetzung, Wissen abzufragen – gepaart mit Schnelligkeit –, hat dieses Spiel auch eine erheiternde Wirkung.

Susanne Beermann

Warum ist Opa nur so schwerhörig?

Zweck: Zusammenhänge wiederholen und Verständnis überprüfen

Dauer: je nach Umfang des Stoffes

Anzahl der TN: 10 bis 15

Beschreibung

Die TN sitzen im Kreis. Ein Mitglied der Gruppe spielt den schwerhörigen Großvater. Der Kursleiter greift die wichtigsten Thesen bzw. erarbeiteten Ergebnisse aus dem gesamten behandelten Themengebiet heraus und erklärt sie dem Großvater. Dieser versteht nichts und wiederholt alles falsch. Also müssen die Zusammenhänge jetzt so oft wiederholt und erklärt werden, bis auch der Großvater sie versteht. Die ganze Gruppe muss dabei helfen, um die nötige Lautstärke zu erreichen. Nach ca. fünfmaligem lautstarkem Wiederholen der Definitionen ist es geschafft: Auch der Großvater hat nun alles richtig mitbekommen.

Wirkung

Durch konzentriertes, mehrmaliges Wiederholen erfolgt der Transfer des Erlernten direkt ins Langzeitgedächtnis. Dabei wird zugleich überprüft, ob alle mit den gleichen Ergebnissen nach Hause gehen.

Monika Schubach

Abschluss

Oft enden Seminare oder andere Arbeitstreffen mit einem einfachen: „Schön, dass Sie da gewesen sind", oder mit einem Feedbackbogen. Es geht aber auch besser: Mit Spielen, in denen die Teilnehmer thematische, persönliche und gruppenbezogene Rückmeldungen geben. Diese Spiele schlagen auch die wichtige „Brücke" zurück in den Alltag. Wird dieses Ritual nicht gepflegt, kann man oft ein Phänomen beobachten: Die Teilnehmer gehen nicht auseinander, sie bleiben einfach stehen und warten, als würde irgendetwas fehlen.

Schluss – aus – basta!

Zweck: sehr kurzer, aber starker Schlusspunkt

Dauer: ca. 2 Minuten

Anzahl der TN: beliebig

Beschreibung

Die Gruppe steht im Kreis. Der Trainer sagt, dass er eine Bewegung machen und ein Wort ausrufen wird. Alle sollen die Bewegung nachmachen und das Wort wiederholen.

1   Der Trainer macht einen Schritt nach vorne, führt die rechte Hand von links oben nach rechts unten und ruft: „Schluss!" – Die TN machen das nach.

2   Der Trainer macht einen Schritt nach vorne, führt die linke Hand von rechts oben nach links unten und ruft: „Aus!" – Die TN wiederholen das.

3   Der Kursleiter macht einen Schritt nach vorne, kreuzt beide Hände vor dem Körper und ruft laut: „Basta!" – Die TN machen es ihm gleich.

Wirkung

Diese Übung setzt der Veranstaltung ein klares Ende. In der Regel wird diese Aktivität auf Grund des Überraschungseffekts mit viel Lachen und anschließendem Applaus bedacht. Da neben dem ersten Eindruck in einer Veranstaltung auch der letzte Eindruck zählt, wird diese Übung den TN sicherlich in guter Erinnerung bleiben.

Marcus Koch

Barometer der Gefühle

Zweck: kurzes, nonverbales Feedback für den Kursleiter, zum Abschluss bestimmter Themenbereiche und am Abend bei mehrtägigen Seminaren

Dauer: ca. 10 Minuten

Anzahl der TN: beliebig

Hilfsmittel: Flipchart bzw. Pinnwand mit Moderationskarten, bunte Moderationspunkte

Beschreibung

Die TN sitzen im Stuhlkreis. Der Kursleiter schreibt auf ein Flipchart oder an eine Pinnwand folgenden Text: „Wie fühlen Sie sich jetzt?" Darunter malt er Smileys mit verschiedenen Gesichtsausdrücken. Dann gibt er jedem TN einen Klebepunkt.

Die TN kleben ihren Punkt zu dem Smiley, der ihrer Stimmung am besten entspricht.

Wirkung

Das „Barometer der Gefühle" gibt den TN die Möglichkeit der Reflexion. Vorteil der Smiley ist z. B., dass auch etwas zurückhaltender TN, die vielleicht Probleme damit haben, ihre Meinung in die richtigen Worte zu packen, hier einfach ihre Meinung äußern können. Wenn Sie als Kursleiter dieses Barometer nach einzelnen Themenabschnitten bzw. am Abend eines Seminartages einsetzen, haben Sie die Möglichkeit, Veränderungen an Ihrem Konzept vorzunehmen, falls viele Minus-Punkte angebracht wurden.

Monika Schubach

Rück(en)meldung

Zweck: Persönliches Feedback für die TN

Dauer: ca. 20 Minuten

Anzahl der TN: beliebig

Hilfsmittel: DIN-A4-Karton, Flipchartstifte (1 pro TN), Tesakrepp

Beschreibung

Jeder TN erhält einen Karton, einen Flipchartstift und einen Streifen Tesakrepp. Auf den Karton (Hochformat) schreibt er nun „An dir gefällt mir" oder „Ich schätze an dir" und lässt sich den Karton auf seinem Rücken mit einem Tesakrepp-Streifen befestigen. Nun werden alle vom Trainer aufgefordert, im Raum spazieren zu gehen und bei jedem anderen ein Feedback auf den Rücken zu schreiben. Zum Schluss dürfen die TN ihr Rückenblatt abnehmen und die Rückmeldungen lesen.

Wirkung

Ein schöner Abschluss für jeden TN, da er viel Positives über sich erfährt und mit einem angenehmen, aufbauenden Gefühl nach Hause gehen kann.

Susanne Beermann

Tagesschau

Zweck: ausführliches Feedback für TN und Trainer, Kreativität, Gruppengefühl

Dauer: ca. 30 bis 45 Minuten

Anzahl der TN: beliebig

Hilfsmittel: Flipchart, Whiteboard, evtl. weitere Medien

Beschreibung

Die TN setzen sich in Kleingruppen zusammen. Die Aufgabe für jede Gruppe ist, die für sie wichtigsten Inhalte und Erkenntnisse des heutigen Tages bzw. des gesamten Seminars in einer Reportage für die „Tagesschau" zusammenzufassen. Dabei dürfen verschiedene Medien wie Flipchart, Whiteboard oder auch PC mit Beamer zum Einsatz kommen. Auch können Interviews („Live aus New York") und Kommentare in die Berichterstattung eingebunden werden. Nach etwa 20 Minuten Vorbereitungszeit darf jede Gruppe nacheinander ihren Nachrichtenbeitrag präsentieren.

Wirkung

Diese Form des Abschlusses bietet mehrere Aspekte auf einmal: Gruppendynamik, Aktivierung, Kreativität und Wiederholung. Die TN nehmen die für sie wichtigsten Inhalte mit nach Hause und das Bewusstsein, gemeinsam eine Aufgabe (Tagesschau-Reportage) gelöst zu haben. Der Trainer erfährt, welche Inhalte und Erkenntnisse angekommen sind und welche nicht.

Susanne Beermann

Memo

Zweck: Das Wichtigste aus dem Seminar/Workshop in den Alltag mitnehmen

Dauer: ca. 10 Minuten

Anzahl der TN: beliebig

Vorbereitung: aus farbigen DIN-A4-Blättern im Hochformat je vier gleich große Streifen schneiden

Beschreibung

Die TN erhalten je zwei (oder drei) farbige Papierstreifen. Sie sollen nun jeweils einen Begriff darauf schreiben, der ihnen besonders wichtig erscheint: sei es als Resümee aus dem Seminar oder als Aufgabe, die sie zukünftig umsetzen/anwenden wollen. Dann werden die Papierstreifen so gut wie möglich zusammengefaltet. Jeder TN nimmt nun seine „Memos" mit und legt diese an Stellen ab, wo er immer wieder auf sie stoßen wird, z.B. Geldbeutel, Tasche, Schublade, Schreibtisch usw.

Wirkung

Die TN erinnern sich beim Notieren noch einmal an wichtige Eindrücke und Erkenntnisse, fixieren diese schriftlich und verankern sie dadurch in ihrem Gedächtnis. Die bunten Memos erzeugen später allein schon beim Betrachten eine Assoziation zum Seminar. Das Lesen selbst ist meist gar nicht mehr erforderlich.

Susanne Beermann

Mannschafts-Gefühl

Zweck: Abschiedsgruß

Dauer: ca. 1 Minute

Anzahl der TN: bis zu 20

Beschreibung

Alle Teilnehmer stehen im Kreis. Ein Teilnehmer beginnt und streckt seine rechte Hand – mit dem Handrücken nach oben – in die Mitte. Der Nachbar neben ihm – egal ob links oder rechts – legt seine rechte Hand darauf. So geht es reihum, bis alle ihre rechte Hand auf der des Nachbarn „abgelegt" haben. Einer aus der Gruppe – z.B. der, der angefangen hat – spricht einen Abschiedsgruß.

Wirkung

Das ist eine schöne Abschiedsgeste, die oft eine verblüffende emotionale Wirkung hat: Es entsteht zum Schluss noch einmal ein starkes Gruppengefühl.

Abgeschaut ist diese Form des Abschieds aus dem Mannschaftssport. Auch dort werden derartige Gruppenrituale gepflegt.

Monika Schubach

Adressen für den Bezug von Hilfsmitteln

Haben unsere Spiele und Übungen Ihr Interesse geweckt? Sind Sie nur noch auf der Suche nach den entsprechenden Hilfsmitteln? Bei folgenden Firmen finden Sie alle im Buch genannten Utensilien und noch vieles mehr, was Ihr „Spiele-Herz" höher schlagen lässt. Viel Spaß beim Einkaufen.

villa bossaNova

Holz 1 a
42857 Remscheid
E-Mail: info@villa-bossanova.de
Internetseite: http://www.villa-bossanova.de

Trainings-Ideen Simmerl

Vandaliastr. 7
96215 Lichtenfels
Tel.: 09571 4333
Fax: 09571 4303
E-Mail: trainings-ideen@simmerl.de
Internetseite: http://www.trainings-ideen.de

Neuland GmbH & Co.KG

Am Kreuzacker 7
36124 Eichenzell
Tel.: 06659 88-0
Fax: 06659 88-188
E-Mail: info@neuland.eu
Internetseite: http://www.neuland.eu

edding International GmbH

Bookkoppel 7
22926 Ahrensburg
Tel.: 4102 808-0
Fax: 4102 808-169
E-Mail: info@edding.de
Internetseite: http://www.legamaster.de

Trainertools

Bergstr. 9
61197 Florstadt
Tel.: 06035 1329
Fax: 06035 929276
E-Mail: trainertools@t-online.de

Impressum

Bibliografische Information der Deutschen Nationalbibliothek
Die Deutsche Nationalbibliothek verzeichnet diese Publikation in der Deutschen Natio-
nalbibliografie; detaillierte bibliografische Daten sind im Internet über
http://www.d-nb.de abrufbar.

Print: ISBN: 978-3-648-02875-9 Bestell-Nr.: 01329-0001
ePub: ISBN: 978-3-648-02876-6 Bestell-Nr.: 01329-0100
ePDF: ISBN: 978-3-648-02877-3 Bestell-Nr.: 01329-0150

Dr. Matthias Nöllke, Susanne Beermann, Monika Schubach
Kreativ im Job
1. Auflage 2012

© 2012, Haufe-Lexware GmbH & Co. KG, Munzinger Straße 9, 79111 Freiburg
Redaktionsanschrift: Fraunhoferstraße 5, 82152 Planegg/München
Telefon: (089) 895 17-0
Telefax: (089) 895 17-290
Internet: www.haufe.de
E-Mail: online@haufe.de
Redaktion: Jürgen Fischer

Lektorat: Dr. Ilonka Kunow, Susanne von Ahn
Satz: Beltz Bad Langensalza GmbH, 99947 Bad Langensalza
Umschlag: Kienle gestaltet, Stuttgart
Druck: CPI – Ebner & Spiegel, Ulm

Autoren

Dr. Matthias Nöllke

Dr. Matthias Nöllke hat Kommunikationswissenschaften, Politik, Literaturwissenschaft studiert. Er ist seit vielen Jahren als Journalist, Autor und Referent tätig, u. a. für den Bayerischen Rundfunk und für zahlreiche Unternehmen. Im Haufe Verlag sind von ihm über 20 erfolgreiche Ratgeber und Sachbücher erschienen.

Von Dr. Matthias Nöllke stammt der erste Teil dieses Buches.

Susanne Beermann

Freiberufliche EDV-Trainerin und Verlagsberaterin; DGSL-anerkannte Suggestopädin

Susanne Beermann
edv-training & verlagsberatung
Leharstraße 5
86179 Augsburg
E-Mail: info@susanne-beermann.de
www.susanne-beermann.de

Brigitte Calenge

Sprachtrainerin für Französisch in Unternehmen; DGSL-anerkannte Suggestopädin; Gründerin von Kreatives Seminardesign©

Vive Lebendiges Französisch und Lebendige Trainings
Brigitte Calenge
Matthias-Mayer-Str. 3
81379 München
E-Mail: info@vive-sprachtraining.de
www.vive-sprachtraining.de

Claudia Harrasser

Freiberufliche Englisch-Trainerin in Unternehmen; DGSL-anerkannte Suggestopädin; Geschäftsführerin von LANGUAGE WORLD, Starnberg

Claudia Harrasser
LANGUAGE WORLD Fremdsprachentrainings
Tutzinger-Hof-Platz 6
82319 Starnberg
E-Mail: training@languageworld.de
www.languageworld.de

Marcus Koch

Trainer – Berater – Konzeptor für Business-Englisch, Kommunikation, Train-the-Trainer-Konzepte

Marcus Koch
CALL English
Im Feldchen 23
60437 Frankfurt
E-Mail: marcuskoch65@aol.com
www.kochmarcus.de

Monika Schubach

EDV-Trainerin, -Gutachterin und -Autorin, Lehrerin für Informatik, DGSL-anerkannte Suggestopädin, Autorin

Monika Schubach
König-Rudolf-Str. 103 A
87600 Kaufbeuren
E-Mail: monika.schubach@gms-schubach.de

Erich Ziegler

Suggestopädischer Trainer in Unternehmen und Verwaltung; arbeitet mit gezieltem Einsatz von Spielen – insbesondere als Beitrag zum Lernklima und zur Herstellung des Einklangs (Rapports) in Gruppen

E-Mail: erich.ziegler@koeln.de
www.spiele-im-seminar.de

Von Susanne Beermann, Brigitte Calenge, Claudia Harrasser, Marcus Koch, Monika Schubach und Erich Ziegler stammt der zweite Teil dieses Buches.

Weitere Literatur

„Visual Thinking. Probleme lösen mit der Faktorenfeldmethode", von Dr. Werner Preißing, 394 Seiten, EUR 78,00, ISBN 978-3-448-08739-0, Bestell-Nr. 00238

„Von Bienen und Leitwölfen. Strategien der Natur im Business nutzen", von Matthias Nöllke, 304 Seiten, EUR 19,80, ISBN 978-3-448-09070-3, Bestell-Nr. 00243

„Gesprächstechniken für Führungskräfte. Methoden und Übungen zur erfolgreichen Kommunikation" von Anke von der Heyde und Boris von der Linde, 243 Seiten, EUR 24,95. ISBN 978-3-448-09518-0, Bestell-Nr. 00742

„Konfliktmanagement" von Saskia-Maria Weh und Claudius Enaux, 254 Seiten, EUR 24,95. ISBN 978-3-448-08578-5, Bestell-Nr. 04024

„Limbic® Sales" von Helmut Seßler, 206 Seiten. EUR 24,80, ISBN 978-3-648-01411-0, Bestell-Nr. 00049

„Lexikon der Projektmanagement-Methoden" von Günter Drews und Norbert Hillebrand, 286 Seiten, mit CD-ROM, EUR 34,80. ISBN 978-3-448-10224-6, Bestell-Nr. 00090

„Neuroleadership" von Christian E. Elger, 213 Seiten, EUR 34,80. ISBN 978-3-448-09068-0, Bestell-Nr. 00245